银行业信息化丛书

生物特征识别技术及其在金融领域的应用

孟茜 姚丹 等编著

Biometric Recognition and
Its Application in Finance

机械工业出版社
China Machine Press

图书在版编目（CIP）数据

生物特征识别技术及其在金融领域的应用 / 孟茜等编著 . —北京：机械工业出版社，2022.7
（银行业信息化丛书）
ISBN 978-7-111-71383-8

I. ①生… Ⅱ. ①孟… Ⅲ. ①特征识别 – 应用 – 金融 Ⅳ. ① O438 ② F830.49

中国版本图书馆 CIP 数据核字（2022）第 142998 号

　　本书对当前主要的生物特征识别技术做了全面、系统的分析，总结了各类生物特征识别技术的特性、优势和不足，研究了不同生物特征识别技术对金融业务场景的适用性，建立了一套适用于金融领域的生物特征识别技术应用评价体系、应用采集规范及应用场景实践案例。全书共分 16 章，可用于为业务场景匹配合适的生物特征识别方式、选择合理的生物特征识别算法，书中介绍了选择应用场景验证评价体系的正确性及可行性，同步搭建原型系统开展系统实施框架及关键技术的验证，总结实践经验，结合国内外法律和相关监管要求，分析了未来发展趋势，并就进一步应用提出意见建议。

　　本书可作为国内金融领域从业人员、生物特征识别安全相关研究人员的研究、参考资料，也可以作为高等院校金融及信息技术相关专业的教材。

生物特征识别技术及其在金融领域的应用

出版发行：机械工业出版社（北京市西城区百万庄大街 22 号　邮政编码：100037）

责任编辑：孟宪勐　　　　　　　　　　　　责任校对：宋　安　　王　延

印　　刷：北京铭成印刷有限公司　　　　　版　　次：2023 年 1 月第 1 版第 1 次印刷

开　　本：185mm×260mm　1/16　　　　　印　　张：12.5

书　　号：ISBN 978-7-111-71383-8　　　　定　　价：89.00 元

客服电话：（010）88361066　68326294

推荐序

　　金融是一个经营信用的行业，信用的基因与生俱来、不可取代，银行业作为近现代金融的主力军，能够持续繁荣的关键就在于其凭借资金融通的信用优势迅速成为金融的核心，围绕信用的创新此起彼伏、层出不穷。生物特征识别则是人类认识自然、改造自然的本能之一，生物特征的唯一性、先天性和稳定性，使其伴随人类文明发展而应用范围广泛。这两者有着最佳的契合点，特别是生物特征识别技术在信用方面的优势会随着经济社会、信息技术的发展更加凸显。

　　创新是引领发展的第一动力，是建设现代化经济体系的战略支撑。金融作为现代经济的血脉，是现代化经济体系的重要组成部分。加快构建现代金融体系，推动新时代金融业的高质量发展，对实现我国经济由高速增长阶段转向高质量发展阶段具有重要意义。发展金融业关键就是要推动金融业信息技术的现代化发展，推动信息技术和实体经济深度融合，培育新增长点，形成新动能。

　　信息技术的发展有其客观规律，从最初的萌芽到热炒，直至最终实现大规模产业化运用，需要一个成熟的发展周期，其间在基础设施、配套技术的更新迭代下，逐步积累、持续完善，实现从量变到质变的进化升级。生物特征识别技术作为21世纪给人类社会带来革命性影响的十大技术之一，是推动人类社会迈入数字化时代的核心技术。可以将生物特征看成每个人随身携带的、与众不同的"生物钥匙"，我们可以获取人体固有的指纹、声纹、指静脉、虹膜等生理特征，将其转化为数字信息，作为身份识别的重要凭证。

随着互联网技术的高速发展，生物特征识别技术经过数十年的理论与实践积累，伴随深度学习技术、智能计算的兴起，相关软硬件成本大幅降低，跨领域创新应用已成燎原之势。在金融领域，以客户为中心、以客户体验为中心的发展理念，是适应市场需求、助推业务发展的核心竞争力；客户行为习惯的变化导致服务方式更加多元化、开放化，业务形态趋于智能化、场景化。生物特征识别技术具有的可靠性、安全性及独特性，较好地满足了人们对安全与便捷的双重要求，现阶段被广泛应用于信息安全、流程优化等金融领域，在实名身份认证、小额支付等场景领域中助力科学风控，提升金融体验，积累了一系列成熟的应用实践案例。

可以看到，在人工智能、大数据、移动互联技术的持续推动下，生物特征识别技术与其他新技术互相融合、协同发展，应用范围将进一步拓展，使用成本将进一步降低，服务性能将进一步提升，从而进入大规模应用的成熟阶段。与此同时，生物特征识别技术在金融领域的应用仍处在起步阶段，相关的理论与实践成果还需进一步总结和推广。中国银行作为国内较早开展生物特征识别技术应用研究的国有大型商业银行，以实施科技引领数字化发展战略为己任，紧扣时代发展脉搏，深耕信息科技发展，持续开展金融科技创新，在相关领域取得了一定的经验和成果。

科技改变世界，科技创造未来。在推动新时代金融业信息技术现代化发展的新征程上，我们肩负着这个时代赋予的使命和责任，也肩负着引领金融科技发展潮流的初心和担当。本书汇集了中国银行软件中心多年来在指纹识别、人脸识别、虹膜识别等生物特征识别技术方面的理论成果，以及在金融领域的实践探索案例，可以为相关应用提供一定的参考和借鉴。希望本书的出版，能够给所有关心和从事生物特征识别技术工作的读者一些启发和思考，为推进生物特征识别技术的应用发展，提升金融科技的自主可控竞争力，推动金融信息科技事业的高质量发展贡献绵薄之力！

中国银行股份有限公司首席信息官

前 言

  随着信息技术的高速发展，生物特征识别技术已经成为当今最炙手可热的研究领域之一。经过数十年的理论积累与实践发展，特别是随着深度学习技术的兴起，凭借易用性、准确性、安全性、高效性等优点，生物特征识别技术进入爆发性增长阶段，在国家安全、公安、司法、移动互联网、金融等领域已得到广泛的应用。

  确保信息安全、准确鉴别个人身份一直是金融认证领域首要解决的问题。传统金融领域面临的盗用身份开户诈骗、复制盗用磁条卡或失窃卡等问题一直难以彻底解决，随着互联网的深度发展，在线金融不断改变大众的行为习惯，由于用户难以到网点柜台进行"面对面"交易来核实是本人操作以及出于本人意愿，客户识别与验证机制问题更加突出。由于生物特征具有唯一性、先天性和稳定性特征，并具备独特的防伪性，因此生物特征识别技术逐渐成为金融领域安全技术的热点选择。全球众多金融企业已成功将生物特征识别技术应用于客户身份验证，成为主流的"非面对面"客户识别与验证机制。

  同时，由于生物特征识别技术涉及面广泛，不同生物特征的稳定性、防伪性、可识别性存在较大差异，又存在识别技术、算法性能能否满足金融领域的安全验证要求，客户生物特征在采集、存储、传输过程中是否安全可靠等问题，如何构建一套符合金融领域发展要求的生物特征识别安全管理体系一直以来都是金融领域值得研究的热点课题。本书对各类生物特征识别技术开展全面、系统的分析，总结了各类生物特征识别技术的特性、优势和不足，研究了不同生物特征识别技术在金融业务场景中的适用性，建立了一套适用于金融领域的生物特征识别技术应用评价体系、应用采集规范及应用场景实践案例；为业务场景匹配合适的生物特征识别方式，选择合理的生物特征识别算法，选择应用场景验证评价体系的正确性及可行性，同步搭建原型系统开展系统实施框架及关键技术的验证；总结实践经验，结合国内外法律和相关监管要求，详细分析生物特征识别技术的未来发展趋势，并就进一步应用发展这项技术提出意见建议。

本书由时任中国银行软件中心总经理孟茜、副总经理姚丹负责组织编写，中国银行软件中心主任工程师刘述忠及深圳分中心总经理朱军、副总经理解品负责全书统稿与指导工作。同时，中国银行软件中心周松、霍健雄、孙宇千、皮建建、陈灏中、熊慧琴、范书宁、宁海峰、杨晔萌、王丽静、王铭利、冯斌、王亮、覃贝贝、张学一、张黎、丁丙春、党全荣、赵虹、黄毅昕、丁平、赵赛、张子辉、刘宪伟、刘子成、蒋际涛、刘帅、黄波、戴喆、伍娜、张冏、张俊贤、李诗宇、丁力等高级技术人员和业务骨干，清华大学苏光大教授、苏楠博士等专家承担大量资料收集整理、初稿编写、审核修改等工作。特别是苏光大教授作为生物特征识别领域的权威专家，对全书内容给予了专业的指导，提出了众多宝贵的意见和建议。中国银行时任首席信息官刘秋万为本书作序。

由于写作时间仓促，书中难免存在错误之处，敬请批评指正。

目 录｜

第 1 章

概　述

　　生物特征是指人体所固有的生理特征或行为特征。生理特征有人脸、虹膜、指纹、指静脉等；行为特征有声纹、步态、签名、按键力度等。生理特征直接从人体采集，在固定形成之后通常不易变化，稳定性较高。行为特征通常通过采集人的行为过程来获得，在实际应用中具有交互能力。此外，人的行为特征还会受到其生理特征的影响，如声纹特征依赖于声道的生理构造，签名特征依赖于手的形状和大小等。在具体应用中，生理特征和行为特征各有其优缺点，需要结合具体应用场景选择。生物特征识别技术就是以生物特征为依据，实现身份认证的技术，是通过人先天具有的，可以表现其自身生理或行为的特征，对其身份进行识别的模式识别技术。

　　生物特征识别技术通常分为注册和识别两个阶段。注册过程首先通过传感器采集人体生物特征的表征信息，然后进行预处理去除各类影响，利用特征提取技术抽取特征数据训练得到模板或模型，并存储起来。识别是身份鉴别的过程，前端特征提取的过程都与注册过程相似，特征抽取完毕后利用特征信息与存储的模板／模型进行比对、匹配，最终确定待识别者的身份。

　　生物特征识别技术可以分为辨认和确认两类。生物特征辨认是指查询数据库中的生物特征，与输入的生物特征比对来确定输入的生物特征对应的未知人身份的过程，属于一对多的生物特征识别；生物特征确认是指利用生物特征检验用户是否为其所声明的身份的过程，属于一对一的生物特征识别。生物特征系统主要由三个部分组成，分别为：生物特征采集、生物特征提取、生物特征比对。生物特征采集是指使用相应传感器获取目标人生物特征样本的过程，例如利用摄像头获取人脸信息；生物特征提取是指从生物特征样本中提取出特定的物理量的过程；生物特征比对是指将一个生物特征样本与另一个同类的生物特征样本进行比较的过程。

衡量生物特征识别技术性能的 5 个重要指标是错误拒绝率（false rejection rate，FRR；false non-match rate，FNMR）、错误接受率（false accept rate，FAR；false match rate，FMR）、错误匹配率（false positive identification rate，FPIR）、正确识别率（true positive identification rate，TPIR）和前 N 识别率（rank N identification rate）。FRR 与 FAR 成对出现，为生物特征确认系统的主要识别性能指标；FPIR 与 TPIR 成对出现，与前 N 识别率同为生物特征辨认系统的主要识别性能指标。其中，FRR 是指将来自真实人的测试样本误认作冒充者而拒绝的比率；FAR 是指将来自冒充者的测试样本误认作真实人而接受的比率；前 N 识别率是指正确识别结果处于前 N 名的比率。

在生物特征识别系统中，FRR 与 FAR 这两种错误率很难都为零。在实际运用情况下这两种指标是相关的，当 FRR 降低时 FAR 就会升高，安全性就会降低；当 FAR 降低时 FRR 就会升高，用户使用体验就会下降。两种错误率像一块跷跷板，实际应用时常常在这两种情况之间取一个折中。

随着信息技术的高速发展，生物特征识别技术已经成为当今最热门的研究领域之一。经过数十年的理论积累与实践发展，特别是随着深度学习技术的兴起，凭借其易用性、准确性、安全性、高效性等优点，生物特征识别技术进入爆发性增长阶段，在国家安全、公安、司法、移动互联网、金融等领域已得到广泛的应用。生物特征识别行业将进入黄金时代。首先，最值得关注的应该是手机应用（指纹、人脸及虹膜识别），几乎所有的一线，乃至部分二线、三线手机厂商，都推出了自带生物特征识别功能的产品和应用，年出货量数以千万计；其次是网络交易的身份认证应用，这是互联网巨头们介入生物特征识别的最主要原因。服务商和客户逐渐认识到安全和便利的综合平衡是生物特征识别的优势所在。另外，生物特征识别技术在政府公共服务项目（社保、医疗等）、治安管理以及维稳等项目中的应用，也都呈现高速增长，行业应用的繁荣景象前所未见。

目前，我国金融领域基本是通过智能 IC 卡，即"用户 ID＋密码"的方式进行身份认证和数据访问的。基于该方式加密的金融卡具有两个隐患，一是微机只认密码不认人；二是密码位数短，容易被破解，而密码位数长，用户又很难记忆，易遗忘密码，给用户造成使用上的不便。某些金融机构已经采用生物特征识别技术（包括指纹、人脸、虹膜、声纹等）对用户进行身份认证。用户可以实现无卡、无密码的金融交易，省去遗忘密码的烦恼。随着技术的不断发展进步，生物特征识别技术在金融行业的广泛应用已是大势所趋。

第 2 章

指纹识别技术

2.1 指纹识别技术概述

指纹识别是一种利用不同人指纹的纹型（箕、斗等），细节点（端点、分叉点），纹线上的汗孔、纹线形态、早生纹线、疤痕所具有的独特性来进行身份识别的生物特种识别技术。

指纹是最早用于身份识别的生物特征之一。早在公元前 7000 年到公元前 6000 年古代中国和古叙利亚就将指纹作为身份鉴定的工具使用。1880 年，亨利·方德率先通过科学性的阐述确定指纹作为人体生物特征具有唯一性，并奠定了现代指纹识别技术的基础。

1892 年，弗朗西斯·高尔顿（Francis Galton）在其著作《指纹学》（*Fingerprints*）中提出指纹具有独特性与稳定性。独特性是指，几乎没有两枚指纹具有完全相同的特征；稳定性是指，从出生起，除非受到严重的外伤或疾病影响，每个人的指纹特征都终生不变。同时，该书还提出了第一个指纹分类系统，奠定了现代指纹学的基础。

1897 年 6 月，英属印度政府将指纹鉴定列为其官方罪犯鉴定手段。随着指纹在其属印度的成功应用，1901 年英国政府决定在苏格兰场建立指纹系统。由此指纹系统在全球范围得到了推广，逐步成为一种广泛应用于刑事案件调查及犯罪鉴定的身份鉴定手段。

20 世纪以后，随着指纹鉴定系统的广泛使用，指纹数据急速增加，单靠人工无法有效及时地对指纹数据进行处理，如何自动化处理指纹数据逐步成为研究的热点。从 20 世纪 60 年代开始，包括美国、英国、法国在内的一些国家开始研制指纹自动识别系统（automatic fingerprint identification system，AFIS）。20 世纪 70 年代以后陆续出现了 FBI 系统、De La Rue Printrac 系统、NEC 系统、Morpho 系统、Logica 系统、Cogent 系统等商业化 AFIS。

我国对 AFIS 的研究大约开始于 20 世纪 80 年代初，主要研究单位包括：北京大学、清华大学、公安部第二研究所等。我国对 AFIS 的研究起步较晚，但仍取得了丰硕的成果。我国早期 AFIS 主要应用于刑事犯罪调查领域，并获得了飞速的发展，目前已支持千万级、亿级海量数据的指纹辨认应用。

2001 年 "9·11" 恐怖袭击事件之后，国际反恐形势日趋严峻，作为有效的身份确认方式，包括指纹识别在内的生物特征识别技术受到了越来越多的重视与支持。指纹成为诸多国家官方规定采集的生物特征信息之一。中国政府在 2012 年规定公民在办理身份登记时需进行指纹录入，覆盖全国人口的指纹数据库正在逐步建设中。

2013 年，美国苹果公司在其智能手机 iPhone 5s 中搭载了 Touch ID 指纹识别功能，该功能允许用户通过指纹识别完成手机解锁与电子支付等功能。随着世界最知名的手机生产商使用指纹识别，指纹识别技术在移动设备领域中获得了迅速发展。

2.2　指纹识别技术发展沿革

早期指纹识别由人工进行，通过按压印泥、墨水等方式手工获取指纹信息，并以纸张等媒介将之留存于指纹库中，需要识别时利用人工肉眼从指纹库中进行查找。20 世纪 60 年代之后，随着计算机技术的发展，人们开始使用数字图像代替传统的纸张存储指纹信息，并逐步开始研究指纹自动识别比对技术。

1974 年，奥斯特堡（Osterburg）证明了不同人的两枚指纹出现 12 个相同特征的概率大约只有十万亿分之一，该论述奠定了 AFIS 的研究基础。

AFIS 是对整个人工指纹识别过程的模拟，属于典型的模式识别系统，它由数据采集、数据处理、分类决策三部分组成，分别对应指纹信息采集、指纹信息预处理及特征提取、指纹特征匹配三个步骤。

指纹信息通常使用各类物理传感器进行采集，其中利用光学传感器采集指纹图像具有采集图像成像效果好、造价低的特点，光学传感器是目前最为普遍的指纹信息采集设备。需要注意的是，由于指纹采集设备具有局限性，采集到的指纹图像会出现一定的畸变，以及手指表面弹性在按压时用力不均造成的指纹扭曲，因此通常需要对采集到的指纹图像进行校正。

指纹特征的提取是指纹识别的核心技术之一。指纹特征主要包括全局特征和局部特征。全局特征包括核心点和三角点，利用这些点的数量与位置信息对指纹进行分类。检测全局特征最著名的方法为基于 Poineare 指数的特征提取方法；指纹局部特征包含纹脊线的端点和分叉点。端点位于指纹脊线的尾端，分叉点通常位于 3 条脊线的交叉位置。指纹特征提取就是按照特定的规则提取这些特征的特有信息，并将之保存为特征文件的过程。

指纹特征匹配是指根据提取到的指纹特征计算不同指纹相似程度的过程。早期指纹匹配多通过指纹结构特征进行识别。1986 年，Moayer 等人使用以字符串及二维数表示指纹特征点集的拓扑结构并通过句法匹配对指纹进行识别；1990 年，Herhcka 等人使用图法表示指纹特征点结构，并通过图像相似程度进行指纹匹配。目前，基于预配准的全局细节匹配算法是最常用的指纹匹配方法。

在指纹识别中，细节点是最具分辨力和鲁棒性的指纹特征。指纹特征的有效性很大程度上依赖于指纹图像的质量；在国际公开测试中，绝大多数识别错误源自指纹图像质量不佳。因此，指纹图像质量判断是指纹识别领域的关键技术之一。此外，由于指纹存储所需数据量较大，在指纹辨认过程中需要遍历数据库中所有数据进行匹配，因此指纹数据的压缩同样也是当今研究中的重点问题。

2.3　指纹识别算法性能

指纹识别算法综合能力除了由 FRR、FAR、FPIR、TPIR、前 N 识别率、EER（错误率）等性能指标体现外，还由 FMR100（误识率为 1% 时的拒识率）、FMR1000（误识率为 0.1% 时的拒识率）、ZeroFMR（误识率为零时的拒识率）等指标体现。指纹识别数据库一般分为训练集（training set）、原型图像集合（gallery set）和测试图像集合（probe set）。训练集是用于训练指纹识别算法的图像；原型图像集合与测试图像集合都用于测试指纹识别算法的性能。在测试时，用测试图像集合中的指纹图像对原型图像集合中的指纹图像进行识别，根据测试需求计算出对应的性能指标以体现指纹识别算法的能力。

目前，指纹识别算法的国际测试主要有：PFT2003（Proprietary Fingerprint Templates 2003）、MINEX（Minutiae Interoperability Exchange）、FpVTE（Fingerprint Vendor Technology Evaluation）、FVC（Fingerprint Verification Competition）等，其中 PFT2003、FpVTE 与 MINEX 由美国国家标准与技术研究院（National Institute of Standards and Technology，NIST）举办，具有较高的权威性与全面性。

PFT2003 测试是由美国 NIST 举办的第一项与指纹相关的测试，目前演变为 PFTII，仍在持续测试中。PFTII 是针对 1∶1 确认测试的评测，重点关注指纹识别核心算法的准确率。MINEX 项目起始于 2004 年，是基于细节点特征的指纹特征提取和比对的 1∶1 验证平台，支持 INCITS378 标准。FpVTE 项目重点关注 1∶N 指纹搜索比对，FpVTE 分别于 2003 年和 2012 年举办过两届。由于 1∶N 搜索比对在刑事案件调查、犯罪鉴定、身份辨认中具有广泛的应用，FpVTE 受到了越来越多的关注。

FpVTE2003 是 NIST 举办的第一届 1∶N 指纹识别算法评测。此次评测共有 18 家研究机构参与，进行了 34 个系统测试。FpVTE2003 在 NIST 位于马里兰州的办公室内进行集中测试，各参赛单位自备硬件与软件。FpVTE2003 测试图像集共有来自 25 309 个个体的 393 370 枚不同的指纹图像。FpVTE2003 测试结果表明：NEC、SAGEM 和 Cogent 公司的 AFIS 具有最高的准确率，这些系统具有较好的鲁棒性，在面对不同类型与来源的数据图像时均能展现良好的性能；指纹图像质量与可提供的同一个体对应指纹图像数量对 AFIS 识别准确率有很大的影响。除采集设备外，手指磨损程度、干湿度、清洁度均为影响指纹图像质量的因素；最准确的 AFIS 的准确率优于人脸识别系统的准确率。

随着信息技术的高速发展，应用部门对 AFIS 支持的数据规模有了更高的要求。为了比较各算法供应商在海量数据规模下的算法性能，NIST 于 2012 年举办了 FpVTE2012 指纹 1：N 辨认识别算法性能评测。FpVTE2012 改变了 FpVTE2003 由算法供应商自备硬件与软件的做法，FpVTE2012 要求各参赛算法供应商提交按照 NIST 规定 API 开发的算法 SDK，使用 NIST 提供的硬件设备进行统一算法测试，以便更好地评价各算法的性能与效率，并避免作弊现象发生。FpVTE2012 的测试数据主要由来自 AZDPS、DHS、FBI、LACNTY、TXDPS 的指纹数据库的指纹图像，实际应用场景获得的单指扫描图像和多指扫描图像、历史资料留存的墨水印迹指纹图像，以及移动设备采集的指纹图像等构成。

FpVTE2012 采用的数据集类型复杂，可以很好地模拟实际使用场景，体现不同识别算法的鲁棒性。NIST 于 2015 年 1 月 3 日发布了 FpVTE2012 的最终测试报告 NIST.IR.8034。该报告指出，在 10 万规模的数据库中，使用单手食指进行辨认测试，FPIR 最好的算法的 FNIR 可以达到 1.97%；在 160 万规模的数据库中，使用双手拇指进行辨认测试，FPIR 为 0.1% 时最好的算法的 FNIR 可以达到 0.27%，具有较高的识别准确率。此外，使用更多的手指可以有效地提高识别准确率。

除了 NIST 举行的多项指纹识别测试外，由波罗尼亚大学、密歇根州立大学、圣何塞州立大学等机构联合发起的 FVC 测试同样具有代表性，在最新的 FVC-onGoing 测试中，单指一对一确认测试，FMR10000 达到 0.036%，展示出了较好的准确性。测试结果如表 2-1 所示。

表 2-1　FVC-onGoing 测试结果（截至 2018 年 5 月）

发布时间	参评方	类型	算法	EER	FMR1000	FMR10000
2017 年 2 月 7 日	Beijing Hisign Bioinfo Institute	企业	HXKJ	0.022%	0.007%	0.036%
2016 年 2 月 9 日	Neurotechnology	企业	MM_FV	0.042%	0.032%	0.083%
2011 年 8 月 31 日	AA Technology Ltd.	企业	EMB9300	0.142%	0.159%	0.220%
2011 年 8 月 29 日	Tiger IT Bangladesh	企业	TigerAFIS	0.108%	0.115%	0.242%
2011 年 5 月 15 日	AA Technology Ltd.	企业	EMB9200	0.176%	0.188%	0.303%

（续）

发布时间	参评方	类型	算法	EER	FMR1000	FMR10000
2016 年 10 月 17 日	Decatur Industries, Inc.	企业	Decatur	0.158%	0.213%	0.372%
2015 年 1 月 15 日	GenKey Nether-landsBV	企业	BioFinger	0.249%	0.267%	0.375%
2010 年 9 月 14 日	Green Bit S.p.A	企业	GBFRSW	0.118%	0.155%	0.519%
2011 年 5 月 14 日	Institute of Automa-tion, Chinese Academy of Sciences	专业研究机构	MntModel	0.293%	0.512%	1.209%
2018 年 2 月 2 日	Sonda Technolo-gies Ltd.	企业	FPM	0.754%	1.035%	1.330%
2015 年 2 月 20 日	Ru Zhou	独立开发者	AllStar	0.613%	0.938%	1.396%
2011 年 8 月 31 日	AA Technology Ltd.	企业	EMB9300	0.722%	1.092%	1.542%

2.4 指纹识别技术特性

指纹识别技术作为历史最悠久的生物特征识别技术之一，具有诸多优势，主要包括：

唯一性。生理学研究表明，两枚指纹出现 12 处相同的特征却不属于同一个人的概率只有大约十万亿分之一，因此指纹可以唯一地标识个体身份。

稳定性。指纹在婴儿胚胎期第三四个月便开始产生，到六个月左右发育成型，指纹在无外力因素影响情况下终身不变。

普遍性。指纹识别技术具有较为强大的社会资源支持。随着 2012 年我国法律规定公民在办理身份登记时须进行指纹录入，并将指纹特征信息存入第二代身份证（以下简称"二代证"）中，截至 2016 年已有超过 5 亿个公民完成指纹信息采集，这为指纹识别技术在我国的广泛应用提供了数据基础。此外，随着越来越多的手机厂商在手机中集成指纹信息采集模块，指纹信息采集设备的覆盖率在飞速增长，这为指纹识别应用的迅速扩展提供了物质基础。指纹识别产业已经具备飞速发展的条件。

指纹识别在具有上述诸多优势的同时也存在很多劣势，主要包括：

易磨损性。指纹识别准确率受采集到的指纹信息质量影响严重，当待识别人手指出现蜕皮、外伤等情况时，指纹识别准确率会有一定程度的降低。此外，长期从事体力劳动的特殊人群的指纹存在磨损缺失或老茧过多的情况，这给指纹识别的应用带来较大的困难。有统计数据表明，我国约有 5% 的人因磨损等原因不具备指纹采集的条件，无法使用指纹识别。

配合性。指纹识别受指纹图像采集设备的影响，需要在有接触的条件下进行，需要被识别人进行配合。此外，指纹识别对手指的湿度、清洁度等因素相对敏感，脏、油、水都会给识别效果带来负面影响。因此用户体验感相对较差。

易失性。人在日常生活中无法避免手指与其他物体接触，每一次手指与其他物体接触都有可能留下指纹印记，而这些指纹痕迹存在被用来复制指纹的可能性。这对指纹识别的活体检测提出了更高的要求。

2.5　指纹识别技术主流应用

作为最成熟的生物特征识别技术之一，指纹识别技术已经得到了广泛的应用。指纹识别的基础应用分为辨认型和确认型两类。当前绝大多数主流应用是在这两种应用的基础上结合特定流程与场景产生的。

2.5.1　辨认型指纹识别应用

辨认型指纹识别是指查询数据库中的指纹特征，与输入的指纹特征比对来确定输入的指纹特征对应的未知人身份的过程，属于一对多的生物特征识别。辨认型指纹识别主要应用于以下两个领域。

1. 公共安全

指纹识别技术在公共安全部门的应用具有悠久的历史，公安部门最早利用指纹来确认犯罪嫌疑人身份，AFIS 是公安部门使用最早的生物特征识别技术应用系统。AFIS 将采集到的指纹图像在计算机上经过指纹算法处理，提取其指纹特征，并保存在计算机的数据库中；将从犯罪现场采集来的现场指纹与数据库中的指纹进行比对以确认犯罪嫌疑人的身份。与手动检索方法相比，AFIS 能够快速、准确地帮助公安部门进行指纹辨认，进而高速、高效、准确地开展刑侦工作。随着 2012 年我国法律规定公民在办理身份登记时须进行指纹录入，覆盖全国人口的指纹数据库正在建设中，指纹识别将在公安行业中发挥更加重要的作用。

2. 门禁考勤

基于指纹识别的门禁考勤系统是指纹识别技术最早的应用领域之一，早在 20世纪 90 年代，部分厂商为了解决传统打卡钟、IC 卡等考勤系统中代打卡的问题，率先使用了当时相对成熟的指纹识别技术进行身份认证，推出了基于指纹识别技术的考勤系统，并取得了良好的应用效果。直至今日，虽然受到采用其他生物特征识别技术的冲击，指纹门禁考勤系统仍在该市场占有很高的市场份额。

2.5.2　确认型指纹识别应用

确认型指纹识别是指利用指纹特征检验用户是否为其所声明的身份的过程，属于一对一的生物特征识别。

确认型指纹识别应用是我国最为广泛的指纹识别应用。随着指纹图像采集设备的发展，确认型指纹识别应用以极高的识别率与较好的用户体验感得到了极为广阔的发展空间。确认型指纹识别主要应用于以下几个领域。

1. 指纹锁

随着人们对便捷生活的不断追求，传统机械锁的安全性与易用性已经越来越无法满足百姓的需求，由此智能锁的概念被提出。指纹识别作为最成熟的生物特征识别模式之一，凭借其低成本、高准确性及便捷性为广大厂商与顾客所青睐，指纹识别与传统机械锁相结合，指纹锁应运而生。经过十余年的发展，指纹锁已经广泛应用于金融机构、政府部门、高档公寓等需要较高安全性的场所。

2. 移动互联

随着智能手机的出现与普及，人们对于便捷、安全的解锁方式提出了更高的要求。指纹识别凭借其较高的成熟度、准确性以及较低的成本成为在智能手机中使用最多并普及最广的生物特征识别技术。2013 年，苹果公司在其推出的 iPhone 5s 中集成了 Touch ID 指纹识别技术，使用其确认手机机主身份。随后苹果将其与移动支付相结合推出 Apple Pay，为指纹识别技术在智能手机及移动互联中的推广应用起到了重要的促进作用。2018 年年初，vivo 推了首款屏下指纹手机，该功能基于超声波信号对用户的指纹信息进行识别，将超声波反馈的信号转化为电信号，从而对手机进行解锁。目前指纹识别模组几乎成了中高端智能手机的标配，指纹识别技术在移动互联领域有广阔的应用前景。

第 3 章

人脸识别技术

3.1 人脸识别技术概述

人脸识别技术是一种利用人脸图像进行人的身份识别的技术。人脸识别技术的发展速度之快、应用面之广、影响力之大，使其在众多生物特征识别技术中脱颖而出。人脸识别技术的应用在我国呈现迅猛之势，甚至延伸到国外。部分媒体甚至提出中国现在已经进入"刷脸时代"。

人脸识别技术是一种基于人脸的五官分布、几何、纹理等特征的差异性进行身份识别的技术。通用人脸识别系统一般由 7 个模块组成：图像采集、人脸检测、人脸图像预处理、人脸特征提取、目标人数据库、人脸特征比对以及识别结果输出。具体流程如图 3-1 所示。

图像采集是指通过摄像头、数码相机、手机等成像设备采集目标场景的信息。人脸检测是指对采集到的图像进行检测以判断其中是否存在人脸，如果存在则确定人脸所在位置。人脸图像预处理是指在人脸图像中确定人脸关键点的位置并按照一定的规则将人脸处理成规定的标准状态。人脸特征提取是指通过一定的算法对标准人脸图像进行处理，提取人脸图像的特征信息。人脸特征比对是指用采集到的图像中的人脸特征与目标人的人脸特征进行比对，并根据不同应用模式得到识别结果。识别结果输出是指通过各类输出设备展示识别结果。当前各种人脸识别产品均是在该流程基础之上添加其他辅助功能实现的。其中人脸检测、人脸图像预处理、人脸特征提取、人脸特征比对是人脸识别的核心技术。

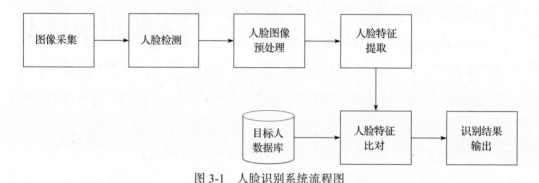

图 3-1 人脸识别系统流程图

人脸识别的概念最早于 1964 年提出，但直至 20 世纪 90 年代初期，人脸识别仍处于纯理论研究阶段。随着人脸识别理论的发展，人脸识别技术的商业价值开始凸显，部分公共安全部门希望利用人脸识别技术，通过人脸图像信息确定未知人的身份。随着市场对人脸识别的需求越来越多，人脸识别产品开始出现，由此人脸识别技术逐步出现于世人面前。

我国对人脸识别技术的研究起始于 20 世纪 90 年代中后期。受"三金工程"影响，我国信息技术开始迅速发展，在安全、公安部门需求的影响下，我国以清华大学为代表的部分研究团队开始进行人脸识别相关技术的研究。我国早期的人脸识别技术主要应用于公安、安全部门。公安部门使用人脸识别系统，利用犯罪嫌疑人人脸图像确认嫌疑人身份，进而辅助侦破刑事案件。随着人脸识别系统在案件侦破过程中获得了良好的应用效果，人脸识别技术在公安系统（包含户籍、治安、边检等其他部门）中获得了更多的应用，人脸识别也逐步成为安防领域的重要技术之一。2008 年，以北京奥运会使用人脸识别技术票务系统为标志，人脸识别技术在我国迅速得以普及，并逐步深入人心。随着移动互联网、RFID（射频识别）、大数据等技术的发展，人脸识别技术应用的外延在不断扩大。特别是 2014 年之后，随着深度学习技术的发展，人脸识别技术日趋完善，其与移动互联网结合之后爆发了巨大的生命力，在行业交叉过程中许多新的需求被释放，人脸识别进入爆发增长期。

3.2　人脸识别技术发展沿革

人脸识别技术的发展，首先是算法的发展。人脸识别算法的发展经历了萌芽期、起步期、发展期、成熟期四个阶段。

萌芽期大致是 20 世纪 60 年代。1965 年，Chan 和 Bledsoe 在 *Panoramic Research Inc* 上发表了关于人脸自动识别（automation face recognition，AFR）的技术报告，主要利用了眼睛之间的距离这类特征来进行人脸识别。随后的一些研究也是沿着这一方向，以人脸的几何特征（如两眼之间的距离、嘴角之间的距离、鼻孔之间的距离以及人脸外轮廓点之间的距离）来进行人脸识别。当人脸表情变化时，这些几何特征变化很大，而且人脸几何特征的区分度也不高，因此导致了这类识别方法的识别率过低的结果。即便这样，这些凤毛麟角的研究，已经孕育着一个新的科研方向。

起步期大致是 20 世纪 90 年代，美国麻省理工学院的 Turk & Pentland（1991）提出了著名的特征脸（eigenface）人脸识别方法。该方法通过主成分分析（PCA）将人脸图像投影到一个低维"特征空间"，使得信息损失最少，并在该"特征空间"上进行人脸分类。这种方法用人脸图像的整体特征来表述人脸，从而保留了大量的分类信息，该方法识别率虽然不高，但却是一种在人脸识别技术的发展上具有里程碑意义的人脸识别方法。Belhumeur 等人提出了 Fisherface 人脸识别方法，该方法将统计学习引入到人脸识别领域，取得了较好的识别率。特别值得一提的是，在这一阶段，美国国防部反毒品技术发展计划办公室资助了人脸识别技术测试（Face Recognition Technology Test，FERET）项目，构建了人脸识别算法评测的平台，该平台延续至今，成为全球公认的权威人脸识别算法评测的平台。在这一阶段，人脸识别还没有成为研究热点，在国际上相关论文发表数量也偏少。

发展期从 2001 年开始，标志事件是轰动全球的发生在美国的"9·11"事件。由于人脸识别可以用于反恐、追逃等国家安全领域，因此世界各国都加强了对人脸识别的研究。在这一阶段，人脸识别成为研究热点，相关论文数量激增，人脸识别的应用也呈现出爆发式增长的态势。

2001 年 11 月，我国科技部率先启动了由公安部组织的国家"十五"攻关项目

"防范、打击重大刑事犯罪关键技术研究——人脸识别查询技术"，清华大学作为第一承担单位，于2005年1月18日研制成功大型人脸识别系统并通过了公安部的科技成果鉴定，达到了国内领先、国际先进水平。该系统的特点是在算法上采用多部件的PCA算法，在系统结构上采用集群计算加速和MMX加速相结合的并行处理技术，由此达到了包含256万张人脸的数据库一秒完成识别的高速度和较高的人脸识别率。在这一发展阶段，人脸识别研究者们将更多的精力放在提高算法的鲁棒性上。从而涌现出许多算法，诸如部件PCA、Gabor特征、LBP特征、流形学习、稀疏表示等方法，使得人脸识别算法的性能得到不断提升。

FRVT2006国际测试，在错误接受率为0.1%时，正确识别率的最好成绩为99%。在FRVT2010国际测试时，正确识别率的最好成绩为99.7%。应该指出，这些成绩，是在特定测试库中取得的。但是，人脸图像受众多因素的影响，比如光照、姿态、年龄，这些因素会严重地影响人脸识别率。于是，研究人员在研究鲁棒性强的特征提取算法的同时，也在研究各种校正方法，以期得到去除各种影响的最佳二维人脸图像。比如，将姿态人脸转变为接近正面的人脸。这种校正技术取得了较好的识别结果，但在跨年龄、复杂光照等问题上，仍然存在识别率低下的问题。在复杂场景中，人脸识别的性能更难以满足要求。现实环境下的光照、姿态、人脸分辨率等远远比实验室采集的测试样本要复杂得多。2007年，LFW（Labeled Faces in the Wild）公开数据集建立，该数据集包含人脸复杂的姿态、表情、遮挡等变化。该数据集旨在评价非约束场景下的人脸识别性能。在LFW数据集上，即便现有传统的最好算法也难以达到高的人脸识别率。

在静态的、有配合的情况下，人脸识别已达到了较高的识别率。在需求的牵引下，人脸识别技术在发展期谨慎地开始了应用，其应用所遵循的规律是先易后难。人脸识别分为辨认型人脸识别（face identification）、确认型人脸识别（face verification）和关注名单型人脸识别（watch list face recognition）三种识别方式。辨认型人脸识别系统首先应用于我国公安厅、局，诸如用照片查找身份，用目击者记忆形成的模拟图像查找嫌疑人的身份。这种识别是静态人脸识别，还需要人工介入。2008年北京奥运会，主办方在国家体育场鸟巢的入场检票口应用了上百套确认型人脸识别系统。2008年8月8日，数万名观众通过人脸识别系统有序入场，参加 2008 年北京奥运会的开幕式。这是奥运史上首次应用人脸识别技术，也被媒体誉为人脸识别在华发展的里程碑。

深度学习，被誉为人工智能的突破性进展，在 2014 年的 CVPR 国际学术会议上，香港中文大学、Facebook、Face++ 等通过深度学习方法，在 LFW 测试集上取得了 97% 以上的人脸识别率，尤其是香港中文大学的汤晓鸥团队对其 Deep ID 系列算法进行不断改进，达到了 99% 以上的识别率。从此，人脸识别进入了成熟期。

3.3　人脸识别算法性能

3.3.1　人脸识别算法测试

人脸识别算法综合能力主要由前 N 识别率、FPIR、TPIR、FAR、FRR、EER 等性能指标体现。人脸识别数据集一般分为训练集（training set）、原型集（gallery set）和测试集（probe set）。其中训练集是用于训练人脸识别算法的图像，原型集与测试集共同用于测试人脸识别算法性能。在测试时，用测试集中的人脸图像对原型集中的人脸图像进行识别，根据测试需求计算出对应性能指标以体现人脸识别算法能力。

为了促进人脸识别技术的发展以及公平验证人脸识别算法的有效性，各种公开人脸数据库被采集和发布，并广泛应用于算法的训练和测试。近年来出现的人脸数据库多由包含复杂环境的大量人脸图像构成。根据功能不同，人脸数据库被分为人脸检测数据库、人脸关键点检测数据库、综合人脸数据库等。

综合人脸数据库主要用于训练人脸识别算法或判断人脸识别算法的综合识别能力。人脸识别数据库往往包含被标注好的图像，数据库中每一个人通常拥有多张照片（每人至少两张）。在实际使用中，相关人员通常将数据库分为测试集与训练集两部分，使用训练集训练人脸识别算法，使用测试集验证人脸识别算法的性能。在测试第三方算法时也可根据实际需要选择其中部分或全部进行算法测试。此外，部分人脸识别数据库提供在线测试接口，以开放形态对外提供算法性能比较平台，其中较为常用的数据库为 LFW 数据库。

传统人脸识别数据库中的人脸图像多为在室内环境下采集的。常见的包括 AR、Multi-Pie、FERET、FRGC、CASPEAL 等人脸数据库。新兴人脸识别数据库多包含在复杂场景下采集的人脸图像。常用的公开人脸识别数据库如表 3-1 所示。

表 3-1　常用的公开人脸识别数据库

数据库名	发布年份	数据库描述	下载链接
CASPEAL	2004	约 1 000 人，共约 3 万幅人脸图像	http://www.jdl.ac.cn/peal/index.html
LFW	2007	5 749 人，共 13 233 幅人脸图像	http://www.cs.umass.edu/lfw/index.html
Multi-Pie	2008	337 人，共约 75 万幅人脸图像	http://www.flintbox.com/public/pro-ject/4742/
PubFig	2009	200 人，共 58 797 幅人脸图像	http://www.cs.columbia.edu/CAVE/data-bases/pubfig/
CASIA-WebFace	2014	10 575 人，共 49 414 幅人脸图像	http://www.cbsr.ia.ac.cn/english/CASIA-WebFace-Database.html
FaceScrub	2014	530 人，共 106 863 幅人脸图像	http://vintage.winklerbros.net/face-scrub.html
MegaFace	2016	约 69 万人，共约 100 万幅人脸图像	http://megaface.cs.washington.edu/

人脸检测数据库用于训练人脸检测算法或判断人脸检测算法的能力。人脸检测数据库往往包含被标注好的人脸图像，数据库中给出通过手工标定的图像中人脸的所在位置。

在实际使用中，相关人员通常将该数据库分为测试集与训练集两部分，使用训练集训练人脸检测算法，使用测试集验证人脸检测算法性能。在测试第三方算法时，测试人员也可根据实际需要选择其中部分或全部进行算法测试。此外，部分人脸检测数据库提供在线测试接口，以开放形态对外提供算法性能比较平台，其中较为常用的数据库为 FDDB 数据库。常用的公开人脸检测数据库如表 3-2 所示。

人脸关键点定位数据库用于训练人脸关键点定位算法或判断人脸关键点定位算法的性能。人脸关键点定位数据库往往包含被标注好的人脸图像，数据库中给出通过手工标定的图像中人脸关键点的所在位置。

表 3-2   常用的公开人脸检测数据库

数据库名	发布年份	数据库描述	下载链接
CMU+MIT	1999	180 幅图像，734 张人脸	http://vasc.ri.cmu.edu/idb/html/face/frontal_images/
FDDB	2010	2 845 幅图像，共 5 171 张人脸	http://vis-www.cs.umass.edu/fddb/
AFW	2012	205 幅图像，共 468 张人脸	http://www.ics.uci.edu/ ~ xzhu/face/
MALF	2015	5 250 幅图像，共 11 931 张人脸	http://www.cbsr.ia.ac.cn/faceEvaluation/
IJB-A	2015	24 327 幅图像，共 49 759 张人脸	https://www.nist.gov/itl/iad/image-group/ijba-dataset-request-form
WIDER	2016	32 203 幅图像，共 393 703 张人脸	http://mmlab.ie.cuhk.edu.hk/projects/WIDER-Face/index.html

在实际使用中，相关人员通常将该数据库分为测试集与训练集两部分，使用训练集训练人脸检测算法，使用测试集验证人脸检测算法的性能。在测试第三方算法时，测试人员也可根据实际需要选择其中部分或全部进行算法测试。常用的公开人脸关键点定位数据库如表 3-3 所示。

表 3-3   常用的公开人脸关键点定位数据库

数据库名	发布年份	数据库描述	下载链接
BioID	2001	1 000 幅图像，每张人脸标定 20 个关键点	https://www.bioid.com/About/BioID-Face-Database
LFPW	2011	1 132 幅图像，每张人脸标定 29 个关键点	http://neerajkumar.org/databases/lfpw/
AFLW	2011	25 993 幅图像，每张人脸标定 21 个关键点	https://lrs.icg.tugraz.at/research/aflw/
COFW	2013	1 852 幅图像，每张人脸标定 29 个关键点	http://www.vision.caltech.edu/xpburgos/ICCV13/
300-W	2016	600 幅图像，每张人脸标定 68 个关键点	https://ibug.doc.ic.ac.uk/resources/300-W_IMAVIS/

由于人脸识别算法性能指标受测试样本中人脸图像属性（人脸的姿态、光照、表情、年龄跨度、清晰度等）影响，因此在不同测试样本上取得的测试结果往往具有较大差异。部分有能力的组织为了能更为精确地测试出不同人脸识别算法在其应用场景下的性能，会自建人脸数据库进行相应测试。自建数据库包含的内容与公开数据库相同，测试方法亦同。

3.3.2 人脸识别算法性能

目前，人脸识别算法的国际测试主要有：FRVT（Face Recognition Vendor Test）和 LFW。FRVT 是由美国国土安全部资助美国国家标准与技术研究院组织的封闭式测试；LFW 是由美国马萨诸塞大学阿姆斯特分校维护的开放式测试。

FRVT 至今已连续举办了 FRVT2000、FRVT2002、FRVT2006、MBE2010、FRVT2013 和 FRVT ongoing 六届评测（FRVT 1∶N 2018 正在筹划过程中），是当今最具权威性、全面性的人脸识别算法测试。FRVT 评测在对知名的人脸识别算法的性能进行比较的同时会根据评测结果全面总结当时节点人脸识别技术的发展情况，并给出若干发展建议。

FRVT2002 包含高计算强度（HCInt）测试与中等计算强度（MCInt）测试两类：前者使用由美国领事局签证处提供的来自 37 437 人的 12 万幅图像作为数据集进行测试；后者使用来自不同场景，时间跨度不超过 3 年的图像作为数据集进行测试。测试结果表明：相较于 FRVT2000，受控环境下的人脸识别性能获得较大的提升，但在非受控环境下，识别性能进展不大；在人脸确认测试中性能最好的算法在 FAR=0.001 的情况下可以取得 FRR=20% 的成绩；辨认人脸识别性能受数据库规模影响，数据库规模每扩大 1 倍识别率下降 2%～3%；采用预处理进行姿态矫正可以有效地提高识别率。

FRVT2006 评测于 2006 年举办，该测试共有来自 10 个国家的 22 个研究机构参与。测试结果表明，相较于 FRVT2002，人脸识别算法获得了较大的进步：在同数据集中人脸识别算法的错误率下降了一个数量级，人脸确认测试中性能最好的算法在 FAR=0.001 的情况下可以取得 FRR=1% 的成绩；在非受控环境，特别是复杂光照环境下，人脸识别的准确率取得了一定的提升。此外，FRVT2006 还首次将人的识别能力与算法进行比较，比较结果表明，在有虚警率的情况下 7 个算法的识别性能不弱于人类，在没有虚警率的情况下 3 个算法的识别率不弱于人类。

2010 年，NIST 举办了 MBE（Multiple Biometric Evaluation）人脸识别评测，该评测共 10 家研究机构参与。MBE 首次将测试数据库规模提升至百万级，该数据库包含 180 余万张采集自罪犯与签证的时间跨度不超过 10 年的照片。在 MBE 测试中，日本 NEC 公司的疑似采用深度学习方法的算法取得了最好的效果。它在包含 160 万张人脸照片的 Mugshot 数据集中取得 92% 的准确率，在包含 180 万张人脸图像的 Visa 数据集中取得 95% 的准确率，人脸识别算法性能获得大幅提升。

2012 年，NIST 举办了 FRVT2013 评测。该评测是一次综合人脸图像识别测试，在辨认识别、确认识别之外还增加了性别估计、年龄估计、姿势估计等测试项目。NIST 发布的辨认型人脸识别算法性能报告 NISTIR 8009 表明，当时最好的人脸识别算法在规模为 160 万的 Mugshot 数据集中进行辨认识别，当 FPIR 为 0.002 时 FNIR 可以达到 0.052，首选识别率可以达到 97.1%。

2017 年 2 月，NIST 展开了最新一期人脸识别算法测试 FRVT ongoing。2018 年 4 月 3 日，NIST 公布了最新一期 FRVT ongoing 确认型人脸识别算法的性能评估报告 frvt_report_2018_04_03。该报告表明：在 Visa 证件照数据集中，当 FMR 为 0.0001% 时，最好算法的 FNMR 为 2.5%；在 Mugshot 数据集中，当 FMR 为 0.01% 时，最好算法的 FNMR 为 1.7%，在 Wild 数据集中，当 FMR 为 0.01% 时，最好算法的 FNMR 为 27.1%。其中值得注意的是在 Visa 证件照数据集中，当 FMR = 0.000 01% 时，最好的算法可以将 FNMR 控制在 5% 左右。可以说在受控环境下，人脸识别问题已经基本得到解决。FRVT ongoing 国际评测的部分评测结果如表 3-4 所示。

表 3-4　FRVT ongoing 的部分评测结果（发布于 2018 年 4 月 3 日）

测试集	参评单位	排名	FNMR（FMR=0.000 1）
Visa	megvii-000	1	0.005
	visionlabs-003	2	0.009
	morpho-002	3	0.009
Mugshot	megvii-000	1	0.017
	yitu-000	2	0.017
	visionlabs-003	3	0.018
Wild	ntechlab-002	1	0.271
	ntechlab-003	2	0.324
	fdu-001	3	0.334

LFW 为开放式在线测试平台，得益于其开放性特点，2018 年以来受到越来越

多人脸识别研究组织的青睐。LFW 数据集由 5749 个人的 13 233 张图片组成，其主要使用 EER 来区分不同算法的性能。截至 2018 年 5 月，LFW 上最好的人脸识别算法可以取得 99.83% 的成绩。

3.4　人脸识别技术特性

人脸识别技术作为当今最热门的生物特征识别技术之一，具有诸多优势，主要包括以下几项。

自然性。人脸是人类与生俱来的外在生理特征，是人人都具有的外在个人标签，是人类主要的区分、确认不同人身份的依据，人脸识别方式同人类进行个体识别时所利用的生物特征相同。这也意味着人脸识别技术可以和人工操作相配合，先进行人脸识别，再由人工进行核验，形成双重保险。这种人工的后验性，在实际中可以取得更好的应用效果。

非接触性。人脸识别技术主要对人脸图像进行识别工作，人脸图像的主要采集设备为摄像头（可见光、近红外光等）。不同于指纹等其他生物特征识别技术，人脸识别过程中被识别人无须与人脸图像采集设备接触，人脸图像采集有效距离相对较远，无须被识别人刻意进行配合，这极大地改善了用户的体验。

隐蔽性。由于人脸识别技术具有非接触性且人脸图像采集距离较远，在特定应用场景下识别过程可以不被被测个体察觉，这将大大降低被伪装欺骗的可能性。

并行性。在实际应用场景中，人脸识别技术可以通过同一人脸图像采集设备进行多个人脸的检测、定位与识别，具有极高的使用效率。

普遍性。人脸识别技术具有强大社会资源的支持。在二代证、遍布城乡的视频监控、社交网络等诸多因素的共同作用下，人脸图像已成为我国当今存量最大的生物特征信息。此外，人脸信息采集设备已经实现常规化，人们可以通过网络摄像头、手机等常规设备轻松获取人脸信息，无须投入额外的应用成本。海量的人脸图像数据与人脸信息采集设备为人脸识别的广泛应用，为人脸识别技术的高速发展提供了强有力的支持，这也是近年来人脸识别技术突飞猛进的重要原因。

在人脸识别具有上述诸多优势的同时，其也存在很多劣势，主要包括以下几项。

易变性。人脸图像是一种外在的生物特征样本，人脸图像受环境（白天、夜晚，室内、室外）光的影响很大；在人自由活动或摄像机处于不同的拍摄位置时，人脸图像的姿态变化很大；人脸随年龄变化而变化，特别是年龄差超过 10 岁，会对识别率产生较大影响。人的悲喜哀乐，也影响人脸图像。化妆、整容、戴墨镜、戴口罩等多方面因素，都对人脸图像产生影响。相较于其他更为稳定的生物特征，人脸识别面临的挑战更加严峻。

易失性。人脸信息因为采集设备的常规化、采集方式的非接触性及隐私性，因此存在被窃取的可能性。

综上所述，人脸识别技术是一种易用性高、用户体验好的识别技术，但是其识别率与安全性仍存在提升空间，在实际应用中应结合应用场景合理地设计、使用。

3.5　人脸识别技术主流应用

作为生物特征识别技术，人脸识别技术的基础应用同样分为辨认型和确认型两类。当前绝大多数主流应用是在这两种应用的基础上结合特定流程与场景产生的。此外，由于人脸识别具有非接触性，人脸图像采集距离相对较远，一种将辨认与确认相结合的应用——关注名单型人脸识别，成为市场关注热点。

3.5.1　辨认型人脸识别应用

辨认型人脸识别是指查询数据库中的人脸特征，与输入的人脸特征比对来确定输入的人脸特征对应的未知人身份的过程，属于一对多的生物特征识别。

辨认型人脸识别是我国人脸识别商业化应用的开端。目前该类人脸识别广泛应用于我国公安、安全行业。其中以人脸查询系统、户籍查重系统最具代表性。

1. 人脸查询系统

人脸查询系统的目的在于在海量具有人脸图像信息的人口数据中通过人脸识别确定待识别者的身份。其主要应用于公安、安全等部门。我国拥有世界最大的实名制人脸图像数据库：二代证数据库。人脸查询系统可以有效地帮助相关部门在二代证数据库中确认目标人的身份。目前我国人脸查询系统的数据规模普遍在千万以上，亿级规模的数据库也屡有出现，高速、准确地进行海量数据的查询处理是人脸查询系统的关键。当前人脸查询系统主要采用内存运算、集群计算、多线程等技术实现了秒量级的亿级数据的查询。人脸查询系统是人脸识别技术在我国最早的成功商业应用之一，也是当今最成功的人脸识别技术应用之一。

人脸查询系统通常由人脸图像采集设备、客户端、后台查询服务器三部分组成。在实际使用中，人脸查询系统包含人脸注册与人脸辨认两个步骤。人脸注册是指通过建库程序对已有人脸图像进行人脸特征提取，将提取出的人脸信息及其他相关信息存入后台查询服务器中的过程，这是一种批量处理的过程。人脸辨认是指在后台数据库中对输入的人脸图像进行辨认，以确认其身份。常见系统结构如图 3-2 所示。

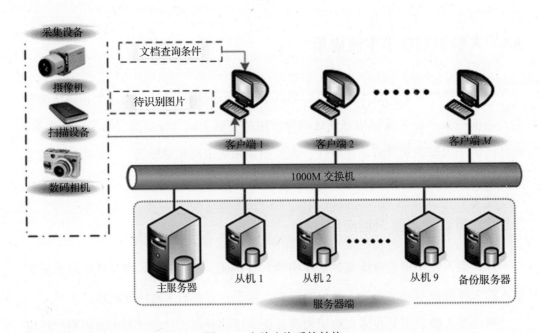

图 3-2　人脸查询系统结构

2.户籍查重系统

户籍查重系统是通过人脸识别技术在已存在的二代证数据库中查询是否同时存在具有多个不同户籍身份的人的系统。在我国户籍管理中，由于种种原因，出现了一个人拥有两个或两个以上户籍的情况，这种问题将直接影响社会公共安全，如在逃人员利用多身份手段进行身份"漂白",贪官利用假身份外逃,不法分子利用假身份作案等。2011 年,广东某市公安局与清华大学人脸识别团队配合,利用人脸识别技术在全市 6 123 812 张二代证人脸图像中进行户籍查重,对查询结果再进行人工核查,共查出 12 314 对重复户口,从中发现了 8 名逃犯,验证了利用人脸识别技术进行户籍查重的可行性和有效性。对此,中央综合治理办公室还发了专报,促进了全国的户籍查重。全国各地公安厅、局纷纷建立基于二代证的大型人脸识别系统。近年来,相关部门在全国范围内清理、注销了大量重复户口,既促进了我国人口信息化建设,也导致了人脸识别市场的爆发式增长。

3.5.2　确认型人脸识别应用

确认型人脸识别是指利用人脸特征检验用户是否为其所声明的身份的过程,属于一对一的生物特征识别。2008 年北京奥运会应用的人脸识别,就属于确认型人脸识别。

确认型人脸识别系统是我国人脸识别在民用领域使用最为广泛的应用。随着人脸识别算法的不断发展以及人脸识别概念的迅速普及,确认型人脸识别以较高的识别率与较好的用户体验得到了极为广阔的发展空间。

基于人脸识别的二代证人证合一验证系统是当今主流的确认型人脸识别应用。二代证芯片中存储着人脸图像信息。通过二代证读卡器可以读取存储的人脸的图像,用其与持证人的人脸图像进行确认,可以实现人与证件的同一性判断。基于人脸识别的二代证人证合一验证系统广泛应用于酒店、网吧、车站、机场、边检等需要实名制认证的场所。

除基于人脸识别的二代证人证合一验证系统外,远程人脸认证系统也得到了广泛的应用。远程人脸认证系统与基于人脸识别的二代证人证合一验证系统的系统结构类似,区别在于其将人脸信息采集过程与人脸确认过程分离,通过网络将通过手机摄像头等前端人脸信息采集设备获取到的人脸图像传递到后台数据库中,并与数据库中的可信身份人脸进行确认,以判断被验证人是否与其声明的身份一致。其广泛应用于金融领域中的远程开户及社保领域中的远程身份核实。

3.5.3 关注名单型人脸识别应用

视频人脸识别系统属于关注名单型人脸识别，是指在视频图像中判别一个未知身份的待测人脸是否在关注名单上。如果判断待测人脸在关注名单上，那么将确定该待测人脸的身份。这是属于一对多的生物特征识别。关注名单一般分为黑名单与白名单两类。追逃，是黑名单的应用；学生进校园，是白名单的应用。当关注名单中的人员出现时，系统进行相应的处理，如黑名单的报警、白名单的放行等。

视频人脸识别系统是近年来随着深度学习人脸识别技术的发展而逐步兴起的热门应用。随着我国天网工程的建设，我国已逐步建立起遍布全国的监控网络，海量的监控数据造成以人力进行观看的传统做法不再具有可操作性，如何使视频监控更加智能，如何能让视频监控主动识别嫌疑人成为新的需求。人脸识别凭借其非接触性、普遍性以及并行性，成为身份识别有效的解决方案。目前已经有部分交通枢纽（通道型）等人流量密集的区域部署了视频人脸识别系统，用于识别、捉拿犯罪嫌疑人，并取得了很好的应用效果。

第 4 章

虹膜识别技术

4.1 虹膜识别技术概述

虹膜是位于人眼表面黑色瞳孔和白色巩膜之间的圆环状薄膜，在红外光下呈现出丰富的斑点、条纹、细丝、冠状、隐窝等视觉特征。虹膜识别技术是基于虹膜进行身份识别的技术。通用虹膜识别系统一般由六个部分组成：图像采集、人眼检测、虹膜图像预处理、虹膜特征提取、虹膜特征比对以及识别结果输出，具体流程如图 4-1 所示。

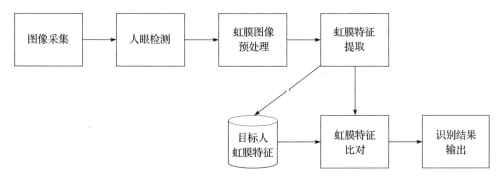

图 4-1　虹膜识别系统流程图

图像采集是指通过虹膜采集设备采集目标场景的信息。人眼检测是指对采集到的图像进行检测以判断其中是否存在人眼图像，如果存在则确定虹膜所在位置并判断虹膜质量。虹膜图像预处理是指在采集完成的人眼图像中准确定位、提取虹膜的区域并按照一定的规则将虹膜图像处理成规定的标准状态。虹膜特征提取是指通过一定的算法对标准虹膜图像进行处理，提取虹膜图像的特征信息。虹膜特征比对是指用采集到的虹膜图像中的虹膜特征与目标人的虹膜特征进行比对，并根据不同应用模式得到识别结果。识别结果输出是指通过各类输出设备将识别结果进行展示。当前各种虹膜识别产品均是通过在该流程基础之上添加其他辅助功能来实现的。其中人眼检测、虹膜图像预处理、虹膜特征提取、虹膜特征比对是虹膜识别的核心技术。

虹膜识别的概念最早于 1936 年被眼科专家弗兰克·伯奇（Frank Burch）提出，他指出虹膜包含独特的生理信息，为虹膜识别提供了理论基础。1987 年，眼科专家埃尔朗·萨菲尔（Aran Safir）和伦纳德·弗勒姆（Leonard Flom）首次提出了利用虹膜图像进行身份识别的概念。1991 年，美国洛斯阿拉莫斯国家实验室的乔纳森（Johnson）开发了第一个有记载的虹膜识别系统。1993 年，约翰·多尔曼（John Daugman）教授提出了一套成功的虹膜特征描述和相似性判别算法，并由此开发出了一套自动虹膜识别系统，该系统确定了虹膜识别技术的框架，被视为虹膜识别发展的里程碑。虹膜识别从此开启了产业化之路。

我国对虹膜识别技术的研究起始于 2000 年前后。以中国科学院自动化研究所为代表的部分研究团队开始了虹膜识别相关技术的研究。早期，虹膜识别受虹膜采集设备只能在近乎接触的情况下进行虹膜图像采集及成本因素的影响，应用范围相对狭小，仅用于重要场景的身份认证。随着虹膜图像采集设备的发展、虹膜图像一米以内近距离采集的实现及成本的大幅下降，虹膜识别的应用领域迅速扩大。近年来虹膜识别以其极高的识别准确率受到诸多厂商的青睐，虹膜识别的需求在金融、移动互联、移动支付等领域内不断释放，虹膜识别逐步进入高速发展期。

4.2 虹膜识别技术发展沿革

1993 年，剑桥大学教授约翰·多尔曼研发出第一个可实用的虹膜识别系统。

该系统确定了虹膜识别的理论框架并一直沿用至今，其主要包括虹膜定位、虹膜图像归一化、特征提取与识别，后来的研究多是基于此理论框架发展而来的。

虹膜定位是指在采集到的人眼图像中确定并提取虹膜所在区域。早期虹膜定位的方法主要分为两类：一类是基于圆周灰度梯度累加和最大值检测的方法，该方法是由约翰·多尔曼最先提出，这种方法具有极高的定位准确率，但其需要遍历搜索所有参数空间，算法复杂度较高，需要消耗大量的运算资源与时间，后续研究多是在此方法的基础上进行效率方面的优化；另一类基于霍夫圆变换（Circular Hough Transform）的参数投票方法，该方法由美国大学教授怀尔兹（R.P.Wildes）等人于1997年提出，这种方法在二值化边缘的基础上，采用投票的方式定位虹膜边缘，取得了较好的虹膜图像定位效果。此外，近年来陆续有学者开始利用深度学习方法进行虹膜定位，并取得了良好的效果。

虹膜图像归一化是指把定位出的虹膜图像按照特定规则转化为标准矩形图像。归一化处理可以有效地减少虹膜图像采集设备拍摄距离远近及角度旋转等原因给虹膜识别准确率带来的负面影响。早期常见的虹膜归一化方法主要包括：约翰·多尔曼提出的从直角坐标系到极坐标系的映射方法；怀尔兹提出的公式转换法（该方法将原始虹膜图像转化为一幅新的虹膜图像，使之与标准图像之间差异最小）。近年来有学者认为瞳孔缩放造成的纹理变化是一种非线性图像变化，由此提出了一系列非线性归一化方法，并取得了良好的效果。

虹膜图像的特征提取是虹膜识别的重要组成部分，是决定虹膜识别算法准确性的关键因素。最早的特征提取方式是由约翰·多尔曼提出的基于 Hough 变换的特征提取方法。该方法将虹膜图像按照一定规则分割为若干子块，根据每一个子块的灰度特征 Gabor 滤波器函数模板的相似程度编码为 1 或 0，每幅虹膜图像对应一个二进制编码。该编码方式所需存储空间较小，适合大规模虹膜数据比对，但受光照影响严重。受约翰·多尔曼方法的启发，部分学者提出了类似的使用滤波器或函数模板卷积的提取虹膜特征的方法，均取得了较好的效果。除了使用滤波器或函数模板卷积的方法提取虹膜特征外，部分研究者直接使用虹膜图像与滤波器进行卷积，将得到的向量结果作为特征用于虹膜识别，同样取得了较好的效果。此外，部分研究者认为多特征融合有助于提升虹膜识别的识别率。Sun 等人提出级联分类器的概念，分别提取二进制编码和全局特征。这类方法多是提取两种虹膜特征，从实验结果看多特征融合算法的识别率优于单特征算法。近年来，基于稀疏表示及深度学习的虹膜识别方法陆续出现，并取得了极好的识别效果。

虹膜匹配是指根据提取到的虹膜特征计算不同虹膜的相似程度。一般而言，当提取的特征是二进制编码时，往往使用汉明距离进行虹膜匹配；当提取的特征为向量时，可以采用欧式距离、马氏距离、余弦距离等方式进行线性分析并分类。

在算法层面之外，虹膜图像采集设备同样重要。

早期虹膜成像设备受限于传感器的低分辨率，有效采集距离极小。2001 年，日本 OKI 公司发布的虹膜采集设备有效采集距离仅为 4 厘米。随着传感设备与光学成像技术的不断发展，目前主流虹膜成像设备的有效采集距离已达到 30 厘米左右，其中美国 AOptix 公司研发的 InSight 系统和中国科学院自动化研究所研发的虹膜成像系统分别可以实现 1.5 ～ 2.5 米和 2.4 ～ 3 米的中距离虹膜清晰成像，而美国卡内基梅隆大学最近正尝试将虹膜采集设备的有效距离扩大到 12 米。

除采集距离近之外，早期虹膜成像装置的拍摄范围也很小，使用时需要用户的高度配合，用户体验较差。近年来，随着自动变焦、自动对焦、云台、社降级阵列、波前编码、光场相机等技术的发展，虹膜成像设备的拍摄有效范围得到有效的扩大，使得用户使用更加便捷，为虹膜识别的推广应用起到了积极的作用。

虹膜成像装置的发展呈现出成像距离越来越远、成像范围越来越大、重量体积越来越小的趋势。

4.3　虹膜识别算法性能

虹膜识别算法综合能力主要由前 N 识别率、FPIR、TPIR、FAR、FRR、EER 等性能指标体现。虹膜识别性能测试方法与其他生物特征识别模式类似，这里不再赘述。

目前，具有国际标准的可共享资源的大型虹膜图像数据库较少，知名的数据库主要包括 CASIA-IrisV4、UBIRIS、JLU-IRIS、ICE-2005 等。其中中国科学院自动化研究所发布的 CASIA-IrisV4 为规模最大的虹膜图像数据库之一，包含 54 601 幅来自 1800 多个真实人的虹膜图像以及 1000 多张人工合成的虹膜图像。

目前，虹膜识别算法的国际测试主要有：IREX(The Iris Exchange)、NICE(Noise Iris Challenge Evaluation)、MIR2016（BATS Competition on Mobil Iris Recognition）等，其中由 NIST 进行的 IREX 虹膜识别评测项目具有较高的权威性与全面性。

截至目前，IREX 已经举办了 IREX Ⅰ、IREX Ⅱ、IREX Ⅲ、IREX Ⅳ、IREX Ⅴ、IREX Ⅵ、IREX Ⅶ、IREX Ⅷ（因故调整暂停）、IREX Ⅸ九届评测，每届评测的目标和重点各不相同，其中 IREX Ⅲ、IREX Ⅳ 与 IREX Ⅸ 重点关注虹膜识别算法识别性能。

IREX Ⅰ 于 2007 年年底举办，重点研究在保持识别率的情况下，图像可被压缩的程度以及在不同供应商之间互换虹膜图像时，算法的识别率。该测试共有包括剑桥大学在内的 10 家单位参与，提交了 19 个算法。测试结果表明：容量为 30KB 的虹膜图像即可满足虹膜辨认应用的需求；容量为 3KB 的虹膜图像可以满足虹膜确认应用的需求；压缩图像可以在不影响识别效果的前提下满足不同虹膜识别算法的需求；虹膜识别是可以进行大规模应用的生物特征识别技术。

IREX Ⅱ IQCE（虹膜质量标度和评估）于 2010 年举办，重点研究虹膜图像质量对虹膜识别率的影响。共有 9 家单位参加 IREX Ⅱ测试，提交了 14 个虹膜图像质量评估算法。测试结果表明：虹膜图像质量对算法性能具有极大的影响；对识别率造成影响的因素主要包括虹膜有效区、瞳孔对比度、巩膜对比度、采集设备角度、图像清晰度、瞳孔直径与虹膜直径比、灰度分布、运动模糊、焦距、信噪比等。

IREX Ⅲ 于 2011 年举办，重点评测了虹膜识别算法的 1∶N 辨认识别性能。共有 11 家单位参加测试，提交了 95 个算法。测试数据包含从 221 万人的 433 万只眼睛中获取的 610 万幅虹膜图像。测试结果表明：识别性能最好的算法在数据量为 390 万幅图像的数据库中进行辨认识别，首选识别率达到 98.3%，识别效果优秀。NIST 在其发布的《虹膜识别系统失败原因分析》报告中指出，虹膜识别具有非常高的理论识别率，但其受样本质量影响严重，当采集到的虹膜质量不佳时识别率难以保证，当出现虹膜遮挡、偏转、视轴偏离、运动模糊、散焦等情况时虹膜识别准确率会有所下降。

IREX Ⅳ 于 2012 年举办，依然重点评测了虹膜识别算法的 1∶N 辨认识别性能。

共有 12 家单位参与，提交了 66 个算法。评测结果表明：虹膜识别技术有了进一步的提高，其中基于神经网络的虹膜识别算法是评估参与者中最准确、最快的算法之一，在 160 万幅图像中进行单眼搜索比对时，在单线程的情况下最佳算法单次辨认用时小于 1 秒，错误率小于 1.5%。最佳算法识别错误基本都由虹膜图像质量不佳造成。

IREX Ⅴ 与 IREX Ⅵ 分别关注了如何保证虹膜图像质量与虹膜特征的生理稳定性；IREX Ⅶ 侧重于程序应用层面，定义了一个虹膜识别系统各组件之间进行通信、交互的框架；IREX Ⅷ 因故调整暂停。

IREX Ⅸ 于 2016 年举行，综合测试了虹膜识别算法的识别性能，囊括 1∶N 辨认识别与 1∶1 确认识别。共有 13 家单位参与，提交了 46 个虹膜识别算法。IREX Ⅸ 于 2018 年 4 月 18 日公布其第一部分测试报告（NIST.IR.8207），测试结果表明：在使用大约 3.8 万对成对的虹膜样本与 5 亿非成对虹膜样本进行双眼 1∶1 确认识别时，当 FMR 为 0.001% 时最好算法的 FNMR 可以达到 0.57%；当双眼 1∶N 辨认测试中 FMR 为 0.1% 时最好算法的 FNMR 可以达到 0.6%。2012 年至今，随着深度学习与虹膜识别的结合，虹膜识别算法较之前取得了突破性的进展，识别率呈现数量级上的提升。

4.4　虹膜识别技术特性

虹膜识别技术作为当今识别精度最高的生物特征识别技术之一，具有诸多优势，主要包括以下几项。

唯一性。生理学研究证明虹膜的纹理细节特征是在胚胎发育时受环境因素影响随机形成的，几乎不存在纹理细节特征完全相同的两个虹膜，包括同一人的不同眼、双胞胎对应眼的虹膜信息之间依然存在明显差异。因此虹膜可以作为个体的唯一身份标识。

稳定性。虹膜从胎儿第三个月开始发育，主要纹理结构在第八个月完成发育，在无外力因素或严重眼疾的情况下终身不变。此外，与指纹特征相比，虹膜受到眼角膜保护，不易受到外界伤害，稳定性更强。

非接触性。虹膜是外部可见的内部器官，通过非接触式的采集设备可以便捷地采集到高质量的虹膜图像。与需要接触采集的生物特征相比，其更加便捷、卫生。

防伪性。虹膜图像相对指纹、人脸特征不易被窃取、仿制。清晰虹膜纹理特别是黑色瞳孔中的清晰虹膜纹理需要在专门的虹膜成像装置和用户的配合下进行采集，所以一般情况下虹膜图像较难被他人盗取、仿制。

虹膜识别在具有上述诸多优势的同时也存在很多劣势，主要包括以下几项。

配合性。虹膜识别准确率受虹膜图像质量影响严重，当环境光线复杂、瞳孔被遮挡、佩戴彩色隐形眼镜等问题出现时虹膜识别的准确性会受到影响。因此进行虹膜识别需要被识别人配合，用户体验稍差。

高成本。虹膜图像采集依赖于特殊的图像采集设备，虽然近年来虹膜图像采集设备成本不断下降，但价格仍然高于人脸、指纹等采集设备。

社会资源支持弱。虽然有关方面在进行研究，但直至目前我国并未建立全国范围的虹膜数据库。此外虹膜图像采集设备的普及率较低，这给虹膜识别在大范围内应用带来一定的负面影响。

4.5　虹膜识别技术主流应用

作为生物特征识别技术，虹膜识别的基础应用同样分为辨认型和确认型两类。当前绝大多数主流应用是在这两种应用的基础上结合特定流程与场景产生的。

4.5.1　辨认型虹膜识别应用

辨认型虹膜识别是指查询数据库中的虹膜特征，与输入的虹膜特征比对来确定输入的虹膜特征对应的未知人身份的过程，属于一对多的生物特征识别。辨认型虹膜识别应用主要应用于以下三个领域。

1.门禁考勤

门禁考勤是虹膜识别最基础的应用。通过虹膜识别判断待识别人是否具有相应权限，进而实现通道控制或考勤管理。虹膜识别在非接触的情况下可以快速、准确地识别待识别人的身份，有效地规避冒充、代签等现象的发生，极大地提高了考勤系统的准确性与效率，被越来越多的单位认可与青睐。

2. 煤炭行业

煤炭行业是我国最早使用虹膜识别的领域之一。煤炭行业的工作大多为地下动作，具有较高的危险性，为了确保安全，施工场所对人员的身份确认具有极高的要求。由于煤炭行业工作的特殊性与工作环境限制人脸、指纹等易受污渍、磨损等外部因素影响的生物特征识别方式，使其无法有效工作，因此虹膜识别成为合理的解决方案，并得到了广泛的应用。

3. 枪械管理

在司法、公安、军队等系统中，枪支管理是重中之重。如何既能有效地确保枪支保管安全，又能在出现突发事件时及时提取、使用枪支，做出快速反应是传统公务用枪管理的一大难点。基于虹膜识别技术的智能枪弹柜管控系统，可以有效地辨认使用者的身份及权限，实现精确且灵活的枪械管理。

4.5.2 确认型虹膜识别应用

确认型虹膜识别是指利用虹膜特征检验用户是否为其所声明的身份的过程，属于一对一的生物特征识别。

确认型虹膜识别系统是我国最为广泛虹膜识别的应用。随着虹膜图像采集设备的发展，确认型虹膜识别以极高的识别率与较好的用户体验得到了极为广阔的发展空间。确认型虹膜识别应用主要应用于以下两个领域。

1. 银行金融

随着近些年金融诈骗、银行卡盗刷的恶性事件屡屡发生，如何进一步提高银行的安全可靠性成为热点话题。部分银行将生物特征识别技术引入安全系统以提高其安全级别。虹膜识别作为识别率最高的生物特征识别技术之一，受到了银行的青睐，被广泛应用于银行内部人员身份确认、客户身份确认、智能门禁系统、信贷管理等方面，并发挥了重要的作用。

2. 移动互联

随着成像设备与计算机技术的飞速发展，虹膜成像装置的有效距离越来越远、成像范围越来越大，已逐步完成小型化，变得更加轻巧实用。2013 年，AOptix 开发出一块可与 iPhone 进行无缝连接的外置生物特征信息采集模块，该模块支持虹膜、人脸、指纹等图像信息的采集；2014 年，EyeLock 推出了仅有鼠标大小的虹膜采集设备；2015 年，富士通推出了一款可利用虹膜解锁、登录账户、支付的智能手机；2016 年起，多家电子设备厂商陆续发布多款集成了虹膜识别的手机和平板电脑。预计在未来几年，越来越多的移动设备会支持虹膜识别功能，虹膜识别技术在移动端将获得爆发性的增长。

第 5 章

声纹识别技术

5.1 声纹识别技术概述

声纹是对语音中所蕴含的能表征和标识说话人的语音特征，以及基于这些特征（参数）所建立的语音模型的总称。科学研究表明声纹具有独特性与稳定性。每个人的说话过程都具有独有的音频特征与发音习惯，即使刻意伪装或被冒充模仿也无法改变发音特性与声道特征；每个人的发声受多个发声器官影响，人在成年之后发声器官发育完成，结构相对稳固，因此声纹信息可以在相对长的时间内保持相对稳定。

声纹识别技术是基于声纹进行身份识别的技术，又称为说话人识别。声纹识别技术利用语音信息中包含的说话人特有的信息通过信息识别技术自动识别语音中说话人的身份。需要注意的是声纹识别与语音识别不同，声纹识别主要用于判断说话人的身份，语音识别则侧重于对语音所说内容的分析。在实际应用中，两者经常联合使用，利用语音识别进行活体检测，以提高声纹识别系统的安全性。

声纹识别属于模式识别问题，主要包含声纹信息采集、声纹信息处理、声纹特征提取、声纹特征比对四个步骤。声纹信息采集是指通过麦克风等采集设备获取一段声纹信息。声纹信息处理是指通过特定的算法对声纹信息进行去噪、均衡等处理，使得处理后的音频信息具有相对一致的属性。声纹特征提取是指根据每个说话人的语音特征训练获得对应的特征模型。声纹特征比对是指将待识别人的声纹特征与已知语音库中的声纹特征比较以判断待识别人的身份。

5.2 声纹识别技术发展沿革

声纹识别起始于 20 世纪 30 年代，学者们通过观测人类对语音的反应研究人类听觉机理对说话人进行辨认。1945 年，贝尔实验室的凯斯塔（Kesta）等人首次提出"声纹"的概念，他们通过人工观察成功地实现了语音频谱的匹配，并于 1962 年首次提出可以利用该方法进行语音识别。1965 年，贝尔实验室的普鲁赞夏伊（Pruzanshy）与马修斯（Mathews）提出基于模板匹配与统计方差分析的声纹识别方法；1969 年，卢克（Luck）提出基于倒谱技术的声纹识别方法。上述方法均取得了较好的效果。

20 世纪 70 年代末至 80 年代末，声学特征参数的处理以及新的模式匹配方法成为声纹识别领域的研究热点。研究者相继提出了 LPC 谱系数、LSP 谱系数、感知线性预测系数（perceptual linear predictive，PLP）、梅尔倒谱系数（Mel frequency cepstrum coefficient，MFCC）等说话人识别特征参数。此时，动态时间规整法（dynamic time warping，DTW）、矢量量化法（vector quantization，VQ）、隐马尔科夫模型（hidden Markov model，HMM）、人工神经网络法（artificial neural network，ANN）等技术在声纹识别领域得到了广泛运用，并成为核心技术。

20 世纪 90 年代以后，在雷诺兹（Reynolds）对高斯混合模型（Gaussian mixture model，GMM）做了详细阐述后，GMM 以其灵活性、有效性与较好的鲁棒性成为主流的与文本无关的说话人识别技术，说话人识别进入一个新的阶段。2000 年，雷诺兹等人提出了高斯混合模型 – 通用背景模型（Gaussian mixture model-universal background model，GMM-UBM）结构，为说话人识别从实验室走向实用做出了重要贡献。

进入 21 世纪，2005 年，肯尼（P. Kenny）在传统 GMM-UBM 结构的方法的基础上提出将信道差补偿方法应用于声纹识别，用联合因子分析方法将语音和对应信道连接起来，然后用最大后验概率法来进行匹配识别，该方法解决了语音信道间的不匹配问题。

2007 年，费勒（Ferrer）等人提出一种适用于不同数值二元分类的方法，通过三种方法提取韵律特征参数，然后直接用 SVM（支持向量机）进行训练和识别。该方法解决了 SVM 无法直接对韵律特征参数进行分类的问题，提高了系统识别的速率。

2010 年，纳斯姆（Nassem）等人提出了一种稀疏性表示语音信号的方法，并将该方法应用于声纹识别，该方法减少了语音信号的传输和存储量，提高了识别系统的运行速率。

2013 年，德哈克（N. Dehak）、肯尼等人提出"i-vector"这种说话人识别方法。该方法源自联合因素分析（joint factor analysis，JFA），其特点是在整个变化空间里，将一个特征序列转化为一个低维矢量，用固定长度的矢量来表示变长的语音段。该方法利用对未知数据的聚类与自适应有效地提升了说话人识别算法的性能，成为那一时期说话人识别技术的主流技术。

2015 年，海勒亚玛（Hirayama）提出一种能够识别多种方言的说话人识别系统，该系统建立在词汇转换的统计模型之上，又结合了不同方言的语音模型，这使该系统能够识别说不同方言人的身份，而且鲁棒性较高。

近年来，深度学习技术也被应用到了说话人识别当中。主要思想是通过跟 i-vector 相结合，以 i-vector 作为深度置信网（deep belief network，DBN）的输入，训练具有区分性的目标模型，或是用深度神经网络（deep neural network，DNN）替代 GMM，来获取用来提取 i-vector 的样本集合，这两种方法在实践中均取得了良好的效果。

5.3 声纹识别算法性能

声纹识别算法综合能力主要由前 N 识别率、FPIR、TPIR、FAR、FRR、EER 等性能指标体现。声纹识别性能测试方法与其他生物特征识别模式类似，这里不再赘述。

目前主流的说话人识别数据集是 NIST 提供的说话人识别评测（speaker recognition evaluations，SRE）语言资料库和 TIMIT 语言资料库，前者是 NIST 举行的 NIS SRE 为参赛者提供的统一语音数据，该数据集主要采集自电话信道与麦克风信道。NIST SRE 由多个子库构成，其中 NIST SRE12 是目前用于评测说话人识别性能的主要数据集。TIMIT 是由德州仪器和麻省理工学院联合建立的用于语音识别、说话人识别的语音资料数据集，其中所有语音数据均在无噪环境下，以 16kHz 的采样率和 16bit 的精度录制采集，共有 6300 段由 438 位男性、192 位女性提供的语音数据，其中包含每人 10 段长度为 3～10 秒的语音数据。

在说话人识别领域由美国国家标准技术署承办的 NIST 说话人识别评测（NIST SRE）是国际上最有影响力、最具权威性的说话人识别技术评测。NIST SRE 从 1996 年开始举行，每年举行一次，从 2006 年起开始与语种识别评测隔年交替举行。最近一次发布测试报告的测试为 2012 年举行的 NIST SRE12。NIST SRE16 于 2016 年 8 月立项，目前尚未发布结果。NIST SRE 为全球说话人识别研究单位提供统一的测试平台，用于评估说话人识别技术的水平。近几年以来，随着 NIST SRE 影响力的不断扩大，越来越多的说话人识别研究单位参与到评测中来，其中包括 STBU、IBM、LPT、MIT 林肯实验室、SRI、清华大学、中国科大讯飞语音实验室（iFlyTek Speech Lab）等。截至 NIST SRE12 举行，共有 75 家机构参与 NIST SRE。NIST SRE 可以展现当今说话人识别领域的最高技术水平。

NIST SRE 自 1996 年开始举行后，主办方不断在既有数据库的基础上根据当时的研究水平与实际应用场景需求调整、增加数据集内容，目前已累积了海量的音频数据信息。在 NIST SRE02 举行之前，SRE 测试数据库内音频的录制环境相对单一，主要从语言数据联盟（Linguistic Data Consortium，LDC）建立的 Switchboard 数据库中挑选可用于说话人识别的音频信息，以通过移动电话采集到的音频数据为主。在 NIST SRE02 举行后，NIST 开始自建语音数据库 Mixer，并从 Mixer 中挑选相关数据开展测试工作。此外，NIST 在评测过程中不断收集各方面对 Mixer 数据库的反馈，并根据反馈内容对 Mixer 数据库不断进行改进，使其更贴近实际应用场景。从 NIST SER08 开始，测试用数据库的环境甚至超过了常见实际应用场景的复杂度，对参评算法的鲁棒性提出了更高的要求。具体表现在以下几个方面。

对同一个说话人，包含多个不同说话风格的语言样本。除正常语速的音频信息外，还包括不同情感（气愤、悲哀、激动等）、不同场景（唱歌、朗诵、演讲等）的音频信息。

增加环境噪声与传输信道的复杂性与多样性。使用由麦克风阵列（包含碳棒式、动圈式、普通式、手持式麦克风等）录制的音频信息进行混合测试；使用由包括移动电话、固定电话、无绳电话信道在内的不同电话信道采集、传输的音频数据进行测试；使用增加了复杂、广义的环境噪声（包括非语音人声、彩铃、空调等）的音频数据进行测试。

引入多语种。在以英文与汉语为主的音频数据之外逐步添加其他语种的音频数据，并尽量保证每个说话人至少包含双语语音。

最近一期 NIST SRE12 吸引了来自 24 个不同国家的 58 支科研团队参与，在测试过程中共对 212 种算法进行了评测。NIST SRE12 测试主要在噪声、音频时间、训练需要音频段数、信源采集设备、性别五方面进行了评测。

NIST SER12 发布结果显示：噪声对于说话人识别具有一定的影响，在无噪声环境下说话人识别可以取得较好的成绩，在 FRR 为 0.1% 时 FAR 小于 0.5%，但加入噪声后识别准确率会大幅下降，其中他人声音对识别率的影响最大，在 FRR 为 0.1% 的情况下，FAR 会下降近 10 个百分点。此外，用于识别的音频时间长度越长，识别率越高；用于训练语音模型的音频数量越多，识别率越高；通过电话信道采集的音频数据识别率普遍比通过麦克风采集的高；性别对于说话人识别的识别率几乎没有影响。

5.4 声纹识别技术特性

声纹识别技术作为生物特征识别中的行为特征，具有诸多优势，主要包括以下几项。

非接触性。蕴含声纹特征的语音主要通过电话、麦克风等音频采集设备进行采集，获取方便、自然。采集过程中被采集者无须与采集设备接触，被采集者受到的约束较少，用户体验较好。

防伪性。声纹识别属于行为特征，通过与语音识别技术的结合，利用动态口令等方式可以有效地进行活体检测，避免录音假冒等情况的发生，具有较好的防伪效果，适于远程身份认证。

隐私保护性。声纹识别主要通过待识别人说话进行识别，涉及的用户隐私信息较少，易于被使用者接受。

普遍性。语音采集装置成本低廉、存量大，在使用通信设备（如电话、手机）进行声纹识别时无须准备额外的录音设备。

声纹识别在具有上述诸多优势的同时也存在很多劣势，主要包括以下几项。

易变性。同一个说话人的声音会受其身体状况（生病）、年龄增长、剧烈情感波动、语速快慢以及使用语言等因素的影响而发生声纹特征畸变。相较于虹膜等更为稳定的特征，声纹识别识别率稍低。

易仿造性。近年来随着深度学习技术的发展，语音合成技术获得了长足的进步，其可以通过获取少量真实语音信息实现搭建特定说话人语音自适应模型，并通过合成得到该说话人语音信息进行冒充。虽然现在已有许多方法、对策实现了针对语音合成冒充的检测，并取得了一定的效果，但这方面仍需格外关注。

受设备影响严重。在实际应用中，语音信息需通过录音设备（如麦克风、手机、对讲机、录音笔等）进行采集、传输。不同音频采集设备具有不同的设备属性，音频信息通过不同采集设备传输可能出现因信道变化而产生的频谱畸变现象，从而降低说话人识别系统的识别性能。

5.5 声纹识别技术主流应用

作为生物特征识别技术，声纹识别的基础应用同样分为辨认型和确认型两类。当前绝大多数主流应用是在这两种应用的基础上结合特定流程与场景产生的。

5.5.1 辨认型声纹识别应用

辨认型声纹识别主要应用于以下两个领域。

1. 公安技侦

犯罪分子在作案前后通常会与组织、同伙进行沟通，通过声纹辨认系统可以对高危人群进行重点关注、监听，有效预防犯罪，利于对犯罪分子进行定位跟踪与逮捕。

2. 国防安全

声纹识别技术可以有效地判断关键说话人是否出现在电话交谈过程中，进而对交谈内容进行收集、判断及跟踪（战场环境监听）；当通过电话发出军事命令时，可以通过声纹识别对发令者身份进行辨认（敌我鉴别）。

5.5.2 确认型声纹识别应用

随着移动互联、网络购物的迅速发展，网络支付、手机支付已经成为我国主流的支付方式之一，如何保证支付安全已经成为厂商与用户重点关注的问题。近年来支付宝账号被盗、网银账号被盗等案件层出不穷，为了有效地预防该类案件的重复发生，部分厂商将包括声纹识别在内的生物特征识别技术加入支付流程中，有效地提高了支付的安全性。

第6章

静脉识别技术

6.1 静脉识别技术概述

　　静脉识别技术是一种利用人体内的静脉分布图像来进行身份识别的生物特征识别技术。人体血液中包含的血红蛋白可以吸收特定波长的光线，利用这一特性，使用特定波长的光线对人体指定区域进行照射，可以得到清晰的静脉图像。静脉识别就是利用这一现象，使用专用设备对静脉图像进行采集、分析、处理，得到静脉的生物特征，并将其与事先注册的已知身份人的静脉特征进行身份比对识别的过程。目前，静脉识别主要包含掌静脉、指静脉及手背静脉，其中指静脉应用最为广泛。

　　相较于其他生物特征识别技术，静脉识别诞生的时间并不长。1983年，柯达公司员工英国人约瑟夫·赖斯（Joseph Rice）发明手静脉识别技术，并命名为Vein check。这被认为是近代手静脉技术的雏形。1991～1993年，麦格雷戈（P. MacGregor）和韦尔福德（R. Welford）发表的两篇论文具体介绍了Vein check的原理，并在其中明确指出Vein check用于生物特征识别是非常合适、安全的。1994年，约瑟夫·赖斯和戴维·克莱登（David Claydon）设计出第一套可实际应用的静脉识别系统。此外，日本、韩国、澳大利亚等国是最早对静脉识别进行研究的国家。其中，韩国侧重于手背静脉识别；日本侧重于手掌、手指静脉识别。

我国静脉识别技术起步较晚，2003年清华大学精密仪器系林喜荣教授团队率先开始了静脉识别的研究，自主研制出一套静脉图像采集装置，并成功实现静脉识别功能。在十余年的时间中，我国静脉识别技术取得了巨大的发展，出现了一批拥有自主知识产权的产品。

6.2 静脉识别技术发展沿革

1990年，约瑟夫·赖斯和戴维·克莱登使用统计过程控制（statistical process control，SPC）方法对静脉识别进行研究，并于1994年发表其研究结果。该研究表明，虽然受静脉信息采集设备等因素限制无法得到高质量的静脉图像，但使用SPC方法搭建的静脉识别系统仍可有效地利用静脉信息对身份进行识别。

约瑟夫·赖斯提出静脉识别之后，日本、韩国等国家开始对静脉识别进行研究。1992年，日本北海道大学生物工程系的清水（K. Shimizu）发表论文指出人体手指的静脉血管具有唯一性，不同人手指静脉血管分布具有显著差异性，可通过手指静脉的红外图像进行身份识别。该文章被认为是日本、韩国对手静脉技术研究的起源。1997年，韩国BK System公司研制出亚洲第一套手背静脉识别系统BK-100。随后BK System公司陆续发布了BK-100的改进型BK-200与BK-300。2000年由部分BK System公司成员组建的Techsphere公司推出了手背静脉识别系统VP-Ⅱ，该系统使用组合常态滤波和增强滤波的方法进行手背静脉识别，在规模为10 000人的数据集上进行测试FAR可达到0.001%。2002年，日本富士通公司对外发布其掌静脉识别系统，该系统在FAR为0.5%时的FRR仅有1%，具有较高的识别准确率。

在指静脉识别方面，1997年日立中央研究所开始对指静脉识别技术进行研究，成为最早研究指静脉识别的机构。该研究所长期从事静脉识别的研究，并取得了诸多成果。2002年，该研究所提出利用倾斜校正进行指静脉图像归一化；提出通过最大相关系数进行识别的方法，取得了较好的识别效果。2004年，该研究所提出利用复杂线性跟踪的方式提取静脉特征，该方法可以高效地从复杂背景中提取静脉特征，用时不超过460毫秒，且识别率明显高于指纹识别。2006年，国际生物识别组织（International Biometric Group，IBG）发布针对日立商用指静脉识别系统的测试报告，该报告指出日立指静脉识别技术与虹膜识别的性能指标相当。2007 年，日立中央研究所提出基于静脉图像横截面轮廓局部曲度最大值的静脉识别方法，该方法通过提取连续的静脉中心线有效地减弱了静脉成像亮度不均对图像提取的影响，有效地提升了静脉识别的识别率。得益于该实验室长年卓有成效的工作，日本日立公司在当今指静脉识别领域处于领先地位。

除日立公司之外，其他研究机构也在指静脉识别领域进行了诸多研究。2009 年，韩国东国大学的 Lee Hyeon Chang 等人将指静脉的端点与交叉点作为特征点，利用仿射变换进行识别比对，有效地提升了指静脉识别的效率。2015 年，同一团队的 Tuyen Danh Pham 等人提出采用局部二元模式编码提取指静脉特征，以汉明距离进行特征匹配的指静脉识别方法，取得了优于当时其他算法的效果。同年，Lee Hyeon Chang 等人在 Tuyen Danh Pham 等人提取指静脉特征方法的基础上，采用支持向量机的特征匹配方法，取得了更高的准确率。

此外，韩国首尔大学的 Jiman Kim 等人通过研究发现使用激光光源采集的指静脉图像比使用传统 LED 光源采集的图像，具有更高的成像质量，有利于提高指静脉识别的准确率。

近年来随着深度学习方法的兴起，部分学者开始使用深度学习进行指静脉识别算法的研究，并均取得了良好的效果。

在算法之外，静脉信息采集方式同样重要，目前静脉信息通常使用非接触式近红外光设备进行采集，采集设备主要分为光反射式与光透式两种，其中光透式又分为上侧光源式与两侧光源式两种。不同采集方式的区别主要在于光源所在位置。在光反射式中，近红外光源与图像采集设备处于同侧，通过反射的近红外光采集静脉图像信息，掌静脉识别、手背静脉识别多采用该模式。光透式采集方法多用于指静脉识别，其中上侧光源式是指利用近红外线垂直穿透手指采集指静脉图像，两侧光源式是指利用近红外线水平穿透手指采集指静脉图像。使用两侧光源式静脉采集方法可以采集到高质量的指静脉图形，但在实际应用中，出于成本等因素考虑，供应商多采用上侧光源式静脉图像采集方式。

6.3　静脉识别算法性能

静脉识别算法综合能力主要由前 N 识别率、FPIR、TPIR、FAR、FRR、EER 等性能指标体现。静脉识别性能测试方法与其他生物特征识别模式类似，这里不再赘述。

由于静脉识别技术出现的时间较短、采集设备普及率不高，目前具有国际标准的可共享资源的大型指静脉图像数据库较少，其中常用的指静脉图像公开数据库如表 6-1 所示。

表 6-1　常用的指静脉图像公开数据库

数据库	发布机构	采集方式	人数	手指数 / 人	图像 / 手指	图像大小（单位：像素）
Idiap VERA Fingervein Database	瑞士 Idiap 研究所	光透式	110	2	2	665 × 250
HKPU-FV	香港理工大学	光透式	156	2	2	513 × 256
UTFV	荷兰特温特大学	光透式	60	6	4	672 × 380
THU-FV	清华大学	光透式	610	1	2	200 × 100
MMCBNU_6000	韩国全北国立大学	光透式	100	6	10	640 × 480
SDU-FV	山东大学	光透式	106	6	6	320 × 240

表中 Idiap VERA Fingervein Database、HKPU-FV、THU-FV 均为其各自同源多模态库的一部分，数据使用上侧光源光透式采集设备采集，部分数据库中的手指数量非常有限。其中 HKPU-FV 为学术界评价指静脉识别性能较为常用的数据集。

掌静脉与手背静脉公开数据库较少，多包含于多光谱掌脉图库中，以香港理工大学公布的多光谱掌纹图库与中国科学院自动化研究所公布的多光谱掌纹图库为主。

指静脉识别、手背静脉识别、掌静脉识别在原理上大同小异。虽然指静脉识别因信息采集面积略小于后两者，在识别率上稍微落后，但总体差异不大。目前，静脉识别领域缺乏具有国际影响力的大型评测。文献可查到的最早的相关算法评测为 ICB-2015 指静脉识别竞赛。在 2014 年的第九届中国生物识别技术会议上，Xian 等人利用其开发的指静脉识别算法性能自动评测系统 RATE（Recognition Algorithm Test Engine）主办了 PKU 指静脉识别大赛（PFVR）。PFVR 的主要参与者为来自中国的科研机构与个人。随后，为了促进指静脉识别技术在世界范围内的发展，并跟踪该领域的先进算法，该团队在 2014 年 9 ～ 11 月，使用 RATE 系统组织了 ICB-2015 指静脉识别大赛（ICFVR2015）。ICFVR2015 共有 7 家机构参与测试，其中有两家企业。ICFVR2015 使用的测试集包含来自 11 万根手指的指静脉图像，平均每个手指有 25 张已被标注的样本图像。整个数据集被分为四个子集：DS0、DS1、DS2 和 DS3，其中 DS3 是综合性子集。根据测试报告，性能最好的算法在 DS3 子集中 ERR 可以达到 0.375%，ZeroFMR 可以达到 0.62%，具有极高的准确性。具体结果如表 6-2 所示。

表 6-2　ICFVR2015 DS3 子集测试结果　　　　　　　　（%）

算法编号	EER	FMR100	FMR1000	ZeroFMR
A13	0.375	0.34	0.56	0.62
A16	1.32	1.45	2.83	4.98
A1	3.545	5.79	10.86	18.8
A3	3.88	6.02	8.75	12.1
A2	5.59	12.41	22.14	43.22
A9	9.45	31.68	59	73.3
A7	19.67	46.56	61.74	78.57

该团队于 2015 年 9 月举办了第二届指纹识别算法大赛 FVRC2016。与 ICFVR2015 相比，FVRC2016 更新了用于测试的数据集，新数据集包含了大量从实际应用场景中收集到的指静脉图像（以食指与中指为主）。FVRC2016 同样将整个数据集被分为四个子集：DS0、DS1、DS2 和 DS3，其中 DS3 为无人指导与监督情况下在户外采集到的指静脉图像的数据集。根据测试报告，性能最好的算法在 DS3 子集中 ERR 为 2.64%，ZeroFMR 仅为 20.71%，可以看出，指静脉图像的质量对识别率具有极大的影响。具体结果如表 6-3 所示。

表 6-3　FVRC2016 DS3 子集测试结果　　　　　　　　（%）

图像	EER	FMR100	FMR1000	ZeroFMR
Toyonway	2.64	3.29	5.86	20.71
Zhang	4.09	7.5	17.69	58.51
Baseline	6.5	14.49	29.1	62.66
Xiang	11.12	32.67	54.63	89.84

从目前可查到的文献可知，静脉识别在图像质量良好的情况下，识别率与虹膜相当，是准确率最高的生物特征识别方式之一。

6.4 静脉识别技术特性

静脉识别技术作为新兴的生物特征识别技术之一，具有诸多优势，主要包括以下三项。

唯一性。生理学研究证明人体静脉血管分布具有唯一性，不同人静脉血管分布具有显著差异性，几乎不存在静脉分布完全相同的两个人，因此可以唯一标识个体身份。

稳定性。人体静脉分布在人成年之后除非受到严重外伤、手术等不可控因素的影响，几乎终生不变。同时因为指静脉藏在身体之内，不易受到外界的伤害，不会受脱皮、表皮茧子、干湿状态等因素影响，具有高稳定性。因此静脉识别的准确率是所有生物特征识别技术中最高的之一。

防伪性。指静脉识别利用人体内部的生物特征进行识别，人们在使用时不会像指纹识别一样留下相关痕迹，且静脉血管图像需要使用专用设备在被采集者配合的情况下采集，因而被盗风险极低。此外，静脉图像只有在血液正常流动的基础上才可以正常采集，静脉识别先天具有活体检测能力，因此静脉识别具有拥有极高防伪特性。

指静脉识别在具有上述诸多优势的同时也存在很多劣势，主要包括以下三项。

配合性。指静脉识别必须使用特定波长的光线对手指进行照射，才可得到手指静脉的清晰图像，受其特殊采集方式的影响，在指静脉识别中，需要被识别人进行配合，识别的有效距离短，用户体验稍差。

高成本。指静脉图像采集依赖于特殊的图像采集设备，虽然近年来指静脉图像采集设备成本有所下降，但仍然处于较高水平。

社会资源支持弱。虽然有关方面在进行研究，但直至目前我国并未建立全国范围的指静脉数据库。此外，指静脉图像采集设备的普及率较低，这给指静脉识别在大范围内应用带来一定的负面影响。

6.5　静脉识别技术主流应用

当前绝大多数静脉识别的应用是在确认型识别的基础上结合特定流程与场景产生的。静脉识别技术主要应用于以下三个领域。

1. 银行金融

早在 2008 年，日本就已经有超过 80% 的 ATM 使用指静脉识别进行实名制身份认证；2016 年，中银香港也开始使用指静脉识别作为交易的认证手段。随着指静脉识别技术的不断发展，以及指静脉图像采集设备成本的逐步下降，指静脉识别凭借其较高的准确率以及防伪性在商业银行的安全管控中被越来越广泛地使用。

2. 生存认证

养老保险生存认证是指静脉识别在我国最早的应用领域之一。相关资料表明，我国每年都有数以万计的人冒领养老保险，给国家造成数亿元的损失。为了有效避免这一情况的发生，人社部采用指静脉识别身份认证系统对领养老金者进行现场身份确认。该系统有效地减少了冒领现象的发生，有效地减少了我国养老金的流失。与其他生物认证技术相比，指静脉认证技术具有更强的防伪性，在生存认证中具有先天优势，是现场确认的有效手段。

3. 教育考试

近年来考试舞弊现象频发，替考事件层出不穷。为了有效杜绝以上不良现象，部分考场采用了基于指静脉识别技术的考生身份确认系统，利用指静脉识别的高精度及防伪性确认考生身份，有效地规避了替考现象的发生。其中内蒙古自治区已于 2015 年在高考中采用指静脉确认系统，并收到了良好的示范效果。

第 7 章

主流生物特征识别技术比较

7.1 生物特征特点

每种生物特征识别技术都有自己的优势与局限性，不同识别模式的区别主要体现在生物特征特点、生物特征信息采集、识别准确性与安全性等方面。

生物特征特点包括其内部特点以及外延，不同生物特征特点比较如表 7-1 所示。

表 7-1 主流生物特征特点比较

识别模式	特征类型	特征表象	适合人群	样本稳定性	法定证件
指纹识别	生理特征	体外特征	绝大多数	极为稳定	包含
人脸识别	生理特征	体外特征	全部	相对稳定	包含
虹膜识别	生理特征	体外特征	全部	极为稳定	不包含
声纹识别	行为特征	体外特征	全部	相对稳定	不包含
指静脉识别	生理特征	体内特征	全部	稳定	不包含

主流生物特征除声纹外均为生理特征，主要通过不同的成像设备进行相应的采集，采集到的生物特征信息主要为图像信息；声纹特征则通过麦克风等录音设备采集，采集到的信息为一段音频信息。指静脉信息是主流生物特征中唯一的体内特

征，具有更高的采集难度与防伪性。虹膜与指纹是最为稳定的生物特征，虹膜从婴儿胚胎期的第三个月开始发育，到第八个月其主要纹理结构已经形成，指纹于胎儿第三四个月便开始产生，到第六个月左右成型，两者在无外部因素的影响下几乎不发生变化。人脸信息与声纹信息的稳定性稍差，在不同的情况下会发生变化进而对识别率造成一定的影响。此外，人脸特征与指纹特征为国家法定采集的生物特征信息，具有强大的资源支持，具备大规模推广应用的数据基础。

7.2　生物特征信息采集

生物特征信息采集是每种生物特征识别技术的基础，只有具有可采集性的生物特征才具有可识别的价值。不同生物特征存在的形式不同，因此用于采集的设备与采集的过程也不尽相同。主流生物特征信息采集的比较如表 7-2 所示。

表 7-2　主流生物特征信息采集的比较

识别模式	采集设备		采集过程				
	设备普及性	设备成本	采集速度	采集方式	采集距离	用户配合	用户接受度
指纹识别	高	低	一般	接触式	极近	需要	一般
人脸识别	极高	低	快	非接触式	远	有限配合	高
虹膜识别	低	一般	一般	非接触式	近	需要	较低
声纹识别	高	低	较慢	非接触式	近	需要	较高
指静脉识别	低	高	一般	非接触式	极近	需要	较高

其中，人脸信息主要通过摄像头（包括可见光与近红外摄像头等）进行采集，具有最远的采集距离及最快的采集速度，得益于近年来我国监控行业以及智能手机的发展，人脸采集设备具有极高的普及率以及低廉的价格，这使得人脸识别成为所有生物特征识别模式中灵活性、易用性最高的识别模式。与之相对应，因为指静脉处于人体内部，需要专门的设备照射手指才能采集到有效的信息，因此指静脉识别采集难度最大，设备成本也最高。此外，声纹识别因为其属于行为特征识别，需要通过一段语音进行相应识别，其采集速度是所有生物特征识别模式中最慢的。

7.3 识别准确性

不同的生物特征受其自身内在因素影响，识别准确性表现各有不同，主流生物特征识别模式的准确性比较如表 7-3 所示。

表 7-3 主流生物特征识别模式的准确性比较

识别模式	识别率		识别速度	特征大小
	受控环境	非受控环境		
指纹识别	高	N/A	快	极小
人脸识别	高	较高	快	小
虹膜识别	极高	N/A	快	极小
声纹识别	高	较高	较快	较大
指静脉识别	极高	N/A	快	小

如表 7-3 所示，所有生物特征识别模式在受到控制的理想环境下都具有良好的表现，其中虹膜识别与指静脉识别具有最高的识别率。在 IREX Ⅸ 测试中，虹膜识别在使用大约 3.8 万对成对的虹膜样本与 5 亿非成对虹膜样本进行双眼 1∶1 确认识别时，当 FMR 为 0.001% 时最好的算法的 FNMR 可以达到 0.0057，错误的主要原因为虹膜图像质量不佳。指静脉识别的准确率与虹膜识别相当。指纹识别、人脸识别与声纹识别略逊于前两者，FpVTE2012 指纹测试表明在 160 万规模的指纹数据库中，使用双手拇指指纹进行辨认测试，当 FPIR 为 0.1% 时最好算法的 FNIR 可以达到 0.27%；FVC-onGoing 表明，单指在一对一确认测试中，FMR1000 可以达到 0.032%，具有较高的准确性。人脸识别方面，FRVT ongoing（发布于 2018 年 4 月）测试表明在 Visa 数据集中 FMR 为 0.0001% 时，最好算法的 FNMR 为 2.5%，在可控环境下，人脸识别的识别准确率较高，在户外图像数据集中最好的算法，在 FMR 为 0.01% 时，FNMR 仅为 27.1%，仍需做出改进。NIST SER12 说话人识别测试表明在超过 4000 名说话人的将近 10 万段录音数据中，无噪声环境下说话人识别最好的算法能够达到在 FRR 为 0.1% 时 FAR 小于 0.5% 的水平。在非受控环境下人脸识别、声纹识别的识别率会有所下降。NIST SER12 表明在有噪声的情况下，在 FRR 为 0.1% 时 FAR 会下降将近 10 个百分点。指纹识别与指静脉识别因为其采集方式的特殊性，不考虑非受控环境。此外，相较于其他主流生物特征信息，人脸信息与

声纹信息稳定性稍差，这两种识别模式的识别率会受年龄跨度等其他因素影响而降低。

7.4　安全性

生物特征的安全、防伪性一直是行业内关注的重点，不同生物特征识别模式的安全性比较如表 7-4 所示。

表 7-4　主流生物特征识别模式的安全性比较

识别模式	盗取难度	仿制难度	防伪措施	人工介入
指纹识别	一般	较低	物理特征检测；活体检测算法等	难
人脸识别	低	较低	结合行为特征；活体检测算法；采用不同成像模式等	容易
虹膜识别	高	高	利用光敏反应；加入活体检测算法等	难
声纹识别	低	较低	结合语音识别；加入活体检测算法等	一般
指静脉识别	极高	极高	无须	难

人脸信息与语音信息由于采集方式便捷，采集设备普及率高，在采集过程中不需要被采集者的配合，因而被窃取的难度最低；指纹信息次之；虹膜信息得益于其需要特殊的采集设备进行采集，具有较高的窃取难度；指静脉信息因为属于人体内部信息，因而具有最高的窃取难度。生物特征信息常见的仿制手法主要包括打印照片、电脑合成、3D 打印等。指静脉信息的仿制难度最大，目前尚未见到成功仿制的案例。

生物特征识别的冒充攻击与活体检测是一对矛盾集合体，没有绝对安全的防范手段，也没有无法预防的攻击手段。目前活体检测的方法根据数据来源不同可以分为两类：一类检测方法需要图像序列或持续信号，包括皮肤弹性特征、头部三维特征、瞳孔光敏特性、汗液分泌特性以及所有行为特征；另一类检测方法需要通过使用不同的采集设备（近红外摄像头等）达到活体检测的目的。前者在数据采集阶段的时间耗费很难减少，用户体验感稍差，后者受专用设备制约无法大面积普及。

综上所述，主流生物特征识别模式综合比较如表 7-5 所示。

表 7-5 主流生物特征识别模式综合比较

识别模式	应用场景	普及范围	成本
指纹识别	安防 / 移动支付 / 金融	广泛	低
人脸识别	智能设备 / 安防 / 移动支付 / 金融	广泛	低
虹膜识别	矿业 / 枪械管理 / 智能设备	较广	中等
声纹识别	安防 / 移动支付	中等	低
指静脉识别	教育考试	中等	较高

指静脉识别是所有生物特征识别模式中可靠性最高的识别模式，但指静脉信息采集设备成本较高，普及率较低，进行大规模推广应用的基础较差。声纹识别作为主流生物特征识别模式中唯一的对行为特征进行识别的模式，在多生物特征融合使用时具有先天优势。人脸识别是所有识别模式中最具灵活性、便捷性的识别模式。此外，得益于其自然性，人脸识别是唯一可以进行人工介入的识别模式，具有较大的容错性。每一种生物特征识别模式都有其优劣势，为了更好地取长补短，发挥各自优势，未来生物特征识别发展的趋势必然是多生物特征相融合。

第 8 章

其他生物特征识别方式

8.1 表情识别

表情识别是指从给定的静态图像或动态视频序列中分离出特定的表情状态，从而确定被识别对象的心理情绪，实现计算机对人脸表情的理解与识别，从根本上改变人与计算机的关系，从而达到更好的人机交互。

表情特征的提取根据图像性质的不同可分为：静态图像特征提取和序列图像特征提取。对静态图像，提取的是表情的形变特征，即表情的暂态特征。而对于序列图像，不仅要提取每一帧的表情形变特征，还要提取连续序列的运动特征。

表情识别方法分类大致分为 4 种情况：基于模板的匹配方法、基于神经网络的方法、基于概率模型的方法、基于支持向量机的方法。其中目前应用最多、最有效的莫过于基于神经网络的方法，这是一种模拟人脑神经元细胞的网络结构，它是由大量简单的基本元件——神经元，相互连接成的自适应非线性动态系统，从而能以更高的鲁棒性提取表情特征。

表情识别优势在于识别能力强。表情识别能够提取连续序列的运动特征，动态识别人脸表情变化。而它的劣势在于依赖度太高。它不用于识别对象的唯一性，且表情识别依赖于具体表情定义。

表情识别的理论研究，以 1971 年埃克曼（Ekman）和弗里森（Friesen）建立的 7 种基本表情（平静、高兴、悲伤、惊讶、恐惧、愤怒和厌恶）模型（见图 8-1）以及他们于 1978 年开发的面部运动编码系统（facial action coding system，FACS）为代表。这种方法根据面部肌肉的类型和运动特征定义了基本形变单元（action unit，AU），人脸面部的各种表情最终能分解对应到各个 AU 上来，分析表情特征信息，就是分析面部 AU 的变化情况。

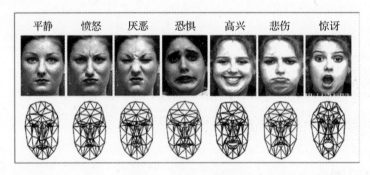

图 8-1　不同表情模型

表情识别的应用研究在 20 世纪 90 年代后，梅斯（K. Mase）和彭特兰（A. Pentland）使得表情识别的计算机自动化处理成为可能。二人通过光流法来判断人体肌肉运动动作的主要方向，并提取空间中光流值，以此来形成表情特征向量，并构建人脸表情识别系统。这个系统已经可以识别出人类高兴、愤怒、厌恶和惊讶这四种表情，并且其有效识别率可以达到 80%。2006 年，国家自然科学基金对人脸表情识别的相关研究正式立项。微表情识别是表情识别近年的一个重要研究方向，对于一些一闪而过、人无法辨别的微表情，计算机也可以毫不疏漏地捕捉到。

现如今表情识别也有很多人机方式的交互应用，例如 2011 年比亚迪公司推出的疲劳驾驶检测系统。该系统通常利用图像传感器来采集驾驶员的面部信息，同时利用高速数字信号处理器进行图像的处理与分析。将信号传入后台后，利用表情检测算法检测当前状态下驾驶员的疲劳表情，并以此判断驾驶员的疲劳状态。

除了在驾车状态时检测人是否疲劳，表情识别也被用于教育课堂管理上。2018

年 5 月，杭州某中学启用的"智慧课堂行为管理系统"，就是通过安装在教室里的表情识别摄像头，捕捉同学们高兴、厌恶、悲伤、恐惧、惊讶、愤怒和平静这七种状态表情，以 30 秒一次的频率进行表情识别分析，从而实时进行统计并分析听课情况。

在金融界，表情识别也得到了广泛的应用。2017 年 11 月，平安集团将微表情识别技术引入了智能贷款解决方案。其智能微表情面审辅助系统可通过远程视频实时抓取客户微小的表情变化，智能识别并提示信贷员贷款欺诈风险。

8.2　签名识别

签名识别通过对输入的手写字迹进行识别分析，得出字迹是否由特定书写人书写的结论。区别于汉字识别的识别手写字迹的内容，签名识别关心的是签名的真伪，即字迹是否由特定人所写。根据签名数据获取方式的不同，它可以分为两种模式：离线模式（off-line）和在线模式（on-line）。

离线签名识别又称静态签名识别，该模式通常使用照相设备或用扫描仪把纸上的签名转换成数字图像，之后再对字形的静态特征进行识别。各人书写风格的不同而产生笔迹的差异，在笔迹的细致结构和空间结构上表现出来，可以提取作为静态特征。基于这些静态特征的识别方法主要有纹理分析、几何特征分析、频域分析以及全局概率分布特征等其他统计特征分析，其中全局概率分布特征识别的性能在已有签名识别特征中最佳。运用这些特征进行签名识别的研究文献有很多，皮尔·波维克（Piotr Porwik）等人基于签名的重心，以不同角度绘制线条来生成线和签名的交叉点，将交叉点作为识别特征；杨阳等人提出与个人无关的概率统计分布模型，该统计模型能够将概率小于阈值的特征点作为非法签名；肖春景等人提出针对签名图像进行小波段分解，对分解后的值进行高斯建模和聚类。

在线签名识别又称动态签名识别，这种模式常使用手写板或者压力传感笔作为获取用户签名的工具，用户签名信息样本通常会被表示成随时间变化的信号，这些信号包含用户书写过程中的行为特征信息，如书写时的速度、加速度、压力、旋转角度等。在线签名比离线签名包含更多的行为特征，其准确率高于离线签名。关于在线签名识别的研究文献很多，从在线签名数据采集、在线签名识别算法到在线签名识别系统的设计与实现都有研究文献。在识别方法上，在线签名识别可分为基于特征和基于函数的方法，前者获取的是签名中轨迹的全局特征，后者一般基于时间函数描述局部或区域的时间序列特征。桑托什（Santosh）等人提出使用 Leap 运动传感器捕获 3D 签名，借助包围签名的凸包顶点来提取新特征；2008 年在美国达拉斯举行的体育珍藏品大会上，主办方利用射频识别技术对超过 4000 多个运动员的在场签名进行了识别验证。近年来，部分学者将深度学习的方法应用于签名识别，并取得了良好的效果。

2018 年以来，尽管签名识别获得了一定的进展，但是签名受情绪、书写速度、书写语言等因素影响，稳定性较差，识别率与其他生物特征模式相比不占优势。此外，目前签名识别由于缺少一个标准的大型国际通用数据库，不同签名识别算法的性能相对难以比较。目前较为常用的签名数据库为西文数据库 GPDS，它包含 4000 个人的离线签名样本，每个签名样本在一个文件夹里。每个样本包含此人的 24 个真签名和 30 个熟练伪签名，熟练伪签名允许伪造者事先尽可能地练习模仿笔迹。该数据库公开资料显示，在没有恶意冒充的情况下，离线签名的等错误率为 1.42%，在线签名的等错误率为 0.52%；当有人恶意冒充时，整体识别率大幅下降，离线签名的等错误率为 13.8%，在线签名的等错误率为 2.99%。将签名识别系统移植到嵌入式系统中是模式识别的一个重要技术方向，而在社会生活中，协议合同签名合法性认定，银行、金融部门的签名对照，犯罪嫌疑人笔迹鉴定等都涉及签名识别。

8.3　击键识别

击键识别又称击键动力学识别，是通过人的固有击键特性进行身份识别的一种生物特征识别模式。随着信息技术的飞速发展，计算机已成为人们工作生活中必不可少的组成部分，键盘输入也成为现代人必须掌握的一项基本技能。利用键盘的内置传感器可以采集到人们敲击键盘的完整过程，通过分析击键过程的动态特征（击键力量、速度、敲击特定字符串的时间等）可以进行身份识别。击键识别属于一种行为特征识别。

在击键识别中，击键时间是重要的特征信息。大多数击键识别主要使用单键持续时间与双键间隔时间作为击键特征。这两种时间信息可以有效地描述用户的击键时序特征，通过不同组合，常见的时序特征可分为以下五种，如图 8-2 所示。

（1）单键（single key）时延 T_s：按下某键到释放该键的间隔时间；

（2）R-P（release-press）时延 T_{rp}：释放第一个键到按下第二个键的间隔时间；

（3）P-R（press-release）时延 T_{pr}：按下第一个键到释放第二个键的间隔时间；

（4）P-P（press-press）时延 T_{pp}：按下第一个键到按下第二个键的间隔时间；

（5）R-R（release-release）时延 T_{rr}：释放第一个键到释放第二个键的间隔时间。

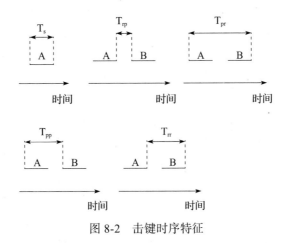

图 8-2 击键时序特征

其中（2）～（5）属于双键的时序特征，T_{pp}、T_{pr} 始终保持正值，T_{rp}、T_{rr} 存在出现零或负值的可能性。为了处理方便，大多数研究使用 T_{pp} 作为双键时序特征。

击键识别的概念于 1977 年由福森（Forsen）等人提出，他们研究了利用待识别人输入姓名时的击键特征进行身份辨认的可能性。击键识别的大幕由此拉开。目前击键识别主要分为两类：基于静态文本的击键特征识别；基于动态文本的击键特征识别。前者是指待识别人按照事先确定的文本内容敲击键盘，通过此过程提取的击键特征进行身份识别；后者是指待识别人自由敲击键盘输入非规定内容，并通过此过程提取的击键特征进行身份识别。

静态文本击键特征研究主要包括：

20 世纪 80 年代初，英国科学家布莱恩·盖恩斯（Brain R.Gaines）采用假设检验的方法，研究基于击键特征的身份识别，受样本数量影响结果并不理想。1990年，乔伊斯（Joyce）和古普塔（Gupta）提出基于绝对距离的击键识别方法，在FAR 为 0.25% 时取得了 FRR 为 16.36% 的结果。同年，斯莱温斯凯（Slivinsky）等人提出了基于贝叶斯分类的击键识别方法，在 FAR 为 2.8% 时取得了 FRR 为 8.1%的结果。1992 ～ 1999 年，布莱恩（M.Brain）、Lin 等人提出了基于神经网络的击键识别方法，大幅提升了击键识别的识别率。2007 年，阿泽维多（Azevedo）等人提出基于支持向量机、遗传算法以及利群优化的击键识别方法，将 ERR 控制在5.18%。2010 年，哈伦（Harun）等人提出基于 Latency 特征的击键识别方法，取得了 ERR 为 3% 的成绩，进一步提高了击键识别的识别率。

动态文本击键特征研究主要包括：

1991 年，莱格特（Leggett）和威廉姆斯（Williams）提出基于连续统计学的击键识别方法，采用 8 个常用连音字母作为特征，在 FAR 为 5.5% 时取得了 FRR 为5% 的成绩。2013 年，艾哈迈德（Ahmed）等人提出基于神经网络的击键识别方法，取得了 ERR 为 2.46% 的成绩。

击键识别是一种随着个人电脑普及而兴起的生物特征识别模式，相比于其他生物特征识别模式，学术界对击键识别的研究较少，目前尚未形成一个标准的国际通用数据库，不同击键识别算法的性能相对难以比较。人类击键信息容易受情绪、熟练度、输入设备等因素影响发生变化，稳定性相对较弱，根据文献介绍，目前击键识别的 ERR 可以达到 2%，低于主流生物特征识别模式。目前击键识别在实际应用中主要与密码联合使用以起到提升安全性的作用，是一种辅助的确认手段。

2014 年，阿里小微金融首次披露其正在研发的以生物识别为核心的安全科技，其中包括击键识别。通过在交易平台部署控件，系统可以采集用户按键持续时间、间隔时间、敲击压力，甚至是握手机的姿势等数据。通过数据模型，抽象出用户敲击键盘行为的基本模式，将之用于身份识别。

2017 年，美国国防部表示将逐渐用 Plurilock 公司开发的生物识别系统"BioTracker"取代传统的卡片识别访问控制的身份验证解决方案。新系统通过记录用户的击键速度、击键风格以及鼠标的使用进行身份验证。新系统是一种"存在证明"的身份验证解决方案，目前正处于测试阶段，传统的门禁卡、双因素验证和多因素验证系统未来一段时间将会继续发挥作用，但美国国防部和 Plurilock 公司希望 BioTracker 在未来能完全取代门禁卡。

8.4 心率识别

8.4.1 心率识别的原理

心率是指单位时间内心脏搏动的次数，它作为血液循环机能的重要生理指标，在运动中被广泛应用。目前心率识别的原理主要有三种：血氧法、光电式测量法、测心电信号，而目前运用最多的技术是光电式测量法，市面上几乎所有的运动手表手环都是运用这个原理来测量心率的，下面简单地介绍一下心率识别的三种原理。

1. 血氧法

基本的测量原理：血氧的含量、饱和度的测量在手指测量是最多的，也可以在脚趾、耳朵，这是最常见的测量血氧的地方；而测量用的是距离非常近的红光和红外光，这两种光的发射是分开工作的，当红光工作的时候，红外光是关闭的，反之亦然。

2. 光电式测量法

最常见的是光电式测量法，它通过测量一束光打在皮肤上后的反射 / 透射的光，来确认血液对特定波长光的吸收。当心脏泵血，该波长的光会被大量吸收，以此来确定心跳。

3. 测心电信号

测心电信号的原理；测量心肌收缩的电信号，和心电图类似原理。其缺点：电路复杂，占 PCB（电路板）空间大，传感器（sensor）必须紧贴皮肤，放置位置相对固定，如心率带。

8.4.2 心率识别的应用

1. 多伦多的 Bionym 公司

早在 2013 年，多伦多的 Bionym 公司就研发出了 Nymi 智能腕带，这种智能腕带是通过心电传感器记录心脏独特的脉动节律来实现验证用户身份的。该公司找了加拿大皇家银行和万事达卡作为合作伙伴，Nymi 腕带的心电传感器将用于识别用户的身份，它内置的 NFC 芯片将使用无线通信技术与支付终端相连，用户将 Nymi 智能腕带与万事达卡关联后，通过智能腕带即可完成支付。Bionym 认为 Nymi 智能腕带是"全球首个能识别身份并搭载支付系统的可穿戴设备"。

将心率识别技术应用于智能腕带来识别用户的身份，从而进行支付，相对于指纹、人脸等识别方式，对用户来说具有安全性和便捷性两大优势。

2. 苹果公司

2016 年 10 月，美国专利商标局公布了苹果申请的新专利："基于体积描记仪的用户身份识别系统"，它可利用脉搏血氧计辨别用户的生物特征。这表明未来型号的 Apple Watch 将能利用其心率传感器识别用户身份，可取代 Touch ID 用于认证用户身份和 Apple Pay 支付服务。

在部分具体实现中，脉搏血氧计被简化为光线发射器和光线传感器。系统向用户皮肤、血液和其他组织发射光线，然后测量被吸收和返回的光线，可以用传感器收集光线的多少来判断皮肤中的含血量。

两个传感器对收集的光线进行测试，生成散点图。系统可以存储这些数据，并与之前存储的数据进行比较，用以识别用户身份。

它又是如何触发识别的呢？设备可以监测集成的动作传感器，例如加速度计、陀螺仪和 GPS，以确定用户动作。例如，把设备由腰部举到头部，会触发识别过程。

一旦身份通过验证，用户就可以使用设备的所有功能。从理论上说，这一系统可能取代 Touch ID 用于认证用户身份和 Apple Pay 支付服务，进一步降低 Apple Watch 对 iPhone 的依赖程度。

8.5　视网膜识别

视网膜识别是采用低密度的红外线去捕捉视网膜的独特特征，血液细胞的唯一模式就被捕捉下来了。视网膜（retina）居于眼球壁的内层，是一层透明的薄膜（见图 8-3）。

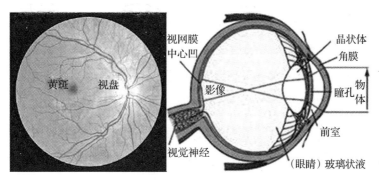

图 8-3 视网膜结构

组织学上视网膜分为 10 层，最外层为色素上皮层，而色素上皮层外侧紧挨脉络膜毛细血管，且视网膜 10 层中不存在毛细血管。视网膜就像一架照相机里的感光底片，专门负责感光成像。色素上皮层紧挨的脉络膜毛细血管在光线照射下便会在视网膜上成像。视网膜识别的是视网膜上成像的毛细血管的分布特征，目前可以获得超过 400 个特征点。

视网膜识别的优势有以下三项。

分布唯一性。在 20 世纪 30 年代，人们通过研究得出了人类眼球后部血管分布唯一性的理论，进一步的研究表明，即使是孪生子，这种血管分布也是具有唯一性的。

稳定性。除了患有眼疾或者严重的脑外伤外，视网膜的结构形式在人的一生当中都相当稳定。

识别率。视网膜识别的识别率理论上是最高的，同时是天然的活体识别技术。

视网膜识别的劣势有以下三项。

识别距离。对识别距离要求太严。要准确获得视网膜图像，使用者的眼睛与视网膜扫描设备的距离应在半英寸（1.27 厘米）之内。

对人体的伤害。视网膜技术可能会给使用者带来健康的损坏，这需要进一步的研究。

采集设备要求高。对视网膜采集设备要求严格，要求发出低能量辐射、高聚集、高穿透性的光源。

当前视网膜识别技术研究主要集中在医学领域，其中眼底血管影技术和视网膜上血管病变研究分析是热点。

目前基于视网膜识别技术的应用较少，三星在美国为旗下移动支付平台 Samsung Pay 提供了视网膜支付功能，支持该项功能的手机是 Galaxy Note 7。谷歌眼镜使用视网膜识别技术，可使身份认证高效、安全可靠。另外，还有一些视网膜识别技术的专利：浪潮（北京）电子信息产业有限公司于 2016 年 6 月申请的"一种基于视网膜识别的银行卡安全系统"、新彩软件无锡有限公司于 2013 年 10 月申请的"一种基于视网膜识别的互联网彩票安全交易和兑奖方法"、苏州市博群生物科技有限公司于 2015 年 4 月申请的"一种基于视网膜识别与密码确认的监控系统"、北京行云时空科技有限公司于 2016 年 5 月申请的"基于视网膜识别的智能眼镜操作界面安全验证方法及智能眼镜"、吉林大学于 2015 年 8 月申请的"基于视网膜识别技术的汽车安全启动系统"。

8.6 动作识别

动作识别是计算机经过检测动作数据而获取并符号化动作信息，继而提取和理解动作特征从而实现动作行为分类的过程。

动作识别分为运动检测、运动特征提取和运动特征理解三部分。

运动检测主要是利用运动检测设备，如运动手环、体感周边外设，在适应背景光线或场景的情况下，分离出人体前景或动作序列，从而得到足够的运动信息数据。

动作特征提取是为了进一步选取部分底层信息实现对人体动作的表征。底层信息可以是经过运动目标检测得到的包含人体动作信息的数学符号形式的图像或视频，也可以是省略目标检测步骤而直接经过数学形式转换的动作序列。动作特征提取的效果对人体动作行为识别有重要影响。

在动作特征提取的基础上，在空间或时空领域完成动作特征理解，以通过数据的分析实现动作的分类。动作特征理解可看成一个结合先验知识对数学符号进行训练和分类的过程。

目前行为识别的优点主要是便捷性。行为识别通过分析摄像头拍摄的视频图像序列来进行分析，因此设备仅需摄像头及相应的后台分析处理设备即可，使用较便捷。同样，它的缺点，一是差异性，在不同光照、视角和背景等条件下会呈现不同的动作场景，即使在恒定的动作场景中，人体动作也会有较大的自由度，而且每种相同的动作在方向、角度、形状和尺寸方面有很大的差异性；二是精确度问题，人体自遮挡、部分遮挡、人体个体差异、多人物识别对象等问题都会影响行为识别的识别精度。因此目前行为识别的精确度不高。

动作识别的最新进展如下所示。在数据集方面，2018 年麻省理工学院和 Facebook 联合创建了名为 SLAC（Sparsely Labeled Actions）的数据集，用于动作识别和定位。它包含 520K 以上的未修剪视频和 1.75M 的剪辑注释，涵盖 200 个动作类别。2017 年谷歌发布了 AVA（Atomic Visual Actions）数据集，意思是"原子视觉动作"，这一新数据集为扩展视频序列中的每个人打上了多个动作标签。AVA 数据集由 YouTube 公开视频的 URL 组成，这些视频被 80 个原子动作标注，例如走路、踢东西、握手等，所有动作都具有时空定位，产生 5.76 万个视频片段、9.6 万个人类动作，以及 21 万个动作标签。

在技术研究方面，2017 年国际计算机视觉与模式识别顶级会议（CVPR 2017）上，卡内基梅隆大学发表了《Realtime Multi-Person 2D Human Pose Estimation using Part Affinity Fields》，用于即时多人动作姿态辨识；第 32 届 AAAI 大会（AAAI 2018）上，香港中大 – 商汤科技联合实验室发表会议论文《Spatial Temporal Graph Convolution Networks for Skeleton Based Action Recognition》，即时空图卷积网络模型，用于解决基于人体骨架关键点的人类动作识别问题。

在应用产品方面，开发出来的主要是针对手势识别的体感周边外设，如微软在 2009 年 E3 大展上发布的 XBOX360 体感周边外设 Kinect，它能够识别手势动作，还能分辨你手指的运动和朝向，类似产品还有 leap 公司的 lean motion、锋时互动的"微动"等。

8.7 掌形识别

掌形识别是把人手掌的形状、手指的长度、手掌的宽度及厚度、各手指两个关节的宽度与高度等作为特征的一种识别技术，人体的这个特征在一定的时间范围内是稳定的，如一次运动会或活动期间。特征读取装置将其采集下来，并生成特征的综合数据，然后与存储在数据库中的用户模板进行比对，来判定识别对象的身份。目前，掌形识别技术主要是采用红外＋摄像的方式，摄取手的完整形状，或手指的三维形状。掌形特征较为简单，通常只需要几个比特的存储容量保存模板，因此十分适合带宽或者存储容量受限制的系统使用。

正是由于掌形特征较为简单，目前研究表明掌形的唯一性不够，在较大的人群中，可能存在两人的掌形特征基本相似的情况，因此掌形通常用来验证身份，而不是用来识别身份。掌形特征识别在中低安全级的识别系统中有其优势。

现有掌形识别系统都使用传统的掌形固定方式，采用类似圆柱状的固定栓，将此固定栓固定在手指或指缝之间（见图 8-4）。但手指的用力会使得手指和支架所接触到的皮肤形成凹陷，尤其大拇指和中指的地方特别明显，这样一来所截取到的掌形轮廓将会有所误差。

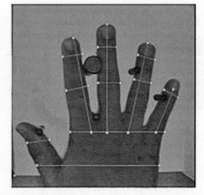

图 8-4　掌形识别图像

由于掌形的信息多集中在手指部分，所以掌形识别通常是把手指分离出来进行识别，以取代整个手掌的信息，这样不仅减少了信息量，也解决了部分因手掌摆放引起的偏差。特征匹配通常采用最典型的海明距离匹配算法。

掌形认证系统有多年的应用历史，在 1999 年世界生物特征识别产品市场上销量仅次于指纹识别，列在第二位。在 20 多年的历史中有多种掌形扫描系统被研制。但是市场上可行的仅仅只有 Recognition System Inc 生产的 HandReaders 系列产品被广泛地采纳和使用。

掌形识别是比较成熟但是应用场景较少的生物特征识别技术，其具有的优点是采集方式简单。其低隐私性使得用户接受程度高，具备对光照不敏感等特点。掌形识别的缺点比较明显。一是非唯一性。掌形特征无法保证唯一性，存在被复制的可能性，也无法保证活体检测，不具长期的稳定性，不适合长期使用的系统，在安全性要求高的场合应用较少。二是成本。采集设备笨重而且造价不菲，接触式采集方式的友好性差。三是应用前景。掌形识别技术虽然经过十多年发展，但是应用面仍然较窄，相关的成熟产品和企业也较少。

由于掌形特征的非唯一性和不稳定性，较难保证金融行业的安全性，而且由于掌形识别的设备及技术都缺乏成熟的应用经验，因此这项生物特征识别技术相对于其他生物特征识别技术的发展前景并不乐观，它应该更多地与其他生物特征识别技术结合起来，取长补短，才能不被市场淘汰。

目前掌形识别多用于安防领域，例如库房、建筑工地、监狱等场合的门禁系统。在金融领域的应用也主要为金库及数据中心的门禁。

掌形仪是目前市场掌形识别比较成熟的应用产品。其采用现场采集认证的方式，能在低于 1 秒的时间内，通过检测使用者手掌的大小、形状、表面积等三维特征来确认用户的身份，以确保只有被授权的人员才能进入特定的区域，从而达到门禁控制的目的。作为磁卡及钥匙门禁系统的替代品，它能节省使用与管理卡或钥匙的成本。它现已广泛运用于我国银行内，如位于上海的中国银行数据中心和位于武汉的中国太平保险集团武汉数据中心等。

8.8　掌纹识别

掌纹特征是指手掌中富含的主线、褶皱、乳突纹等信息。掌纹识别技术是一种利用掌纹特征进行身份识别的生物特征识别技术，属于生理特征范畴。掌纹识别是一种新兴的生物特征识别模式，相较于人脸识别、声纹识别，掌纹识别由于掌纹特征具有更好的稳定性，其拥有更高的识别率；相较于指纹识别，掌纹识别由于拥有更大面积与更丰富的纹理信息，其可在使用更廉价采集设备的情况下获得与指纹识别类似，甚至更高的识别率。

2000 年前后，包括美国密歇根大学、香港理工大学、清华大学、哈尔滨工业大学在内的部分研究机构陆续开始对掌纹识别进行研究，并取得了一定的成果。在掌纹识别概念提出之后，为了推动技术的发展，部分研究机构开放了其掌纹数据库，目前公开掌纹数据库主要包含以下三个：香港理工掌纹数据库（PoleU_Palmprint_Database），包含两个版本，版本 1 包含从 100 只手掌中采集到的 600 幅掌纹图像，版本 2 包含从 386 只手掌中采集到的 7752 幅掌纹图像；中科院掌纹数据库（Casic），包含从 312 个人 624 只手掌中采集的 5502 幅掌纹图像；香港科技大学掌纹数据库，包含从 100 只手掌采集的 1000 幅掌纹图像（每只手掌采集 10 幅）。

掌纹识别过程主要包括掌纹图像采集、掌纹图像预处理、掌纹特征提取与掌纹特征匹配。其中掌纹特征提取是掌纹识别技术的核心。掌纹识别方法大致可分为五类：基于纹线结构的掌纹识别方法；基于纹理编码的掌纹识别方法；基于统计的掌纹识别方法；基于子空间与特征融合的掌纹识别方法；基于深度学习的掌纹识别方法。

2010 年，普拉塞德（Prasad）等人提出基于小波表达融合的掌纹识别方法，该方法在 PoleU 版本 2 数据集上进行确认测试，取得了 ERR=1.37% 的成绩；同年，梅拉奥米娅（Meraoumia）等人提出基于高斯模型与离散余弦变换的掌纹识别方法，该方法在同数据集中进行确认测试，取得了 ERR=1.07% 的成绩；2011 年，克里泽夫斯基（Krizhevsky）等人提出了基于小波融合内部特征的掌纹识别方法，该方法在同数据集上进行确认测试，取得了 ERR=1.95% 的成绩；2014 年，萨迪（Saedi）等人提出基于离散正交 s 变换的掌纹识别方法，该方法在同数据集上进行确认测试，取得了 ERR = 0.93% 的成绩；2016 年，卢（Luo）等人提出基于局部线性方向模式的掌纹识别方法，该方法在同数据集上进行确认测试，取得了 ERR = 0.37% 的成绩；2018 年，Sun 等人使用深度学习进行掌纹识别，该方法在同数据集上进行确认测试，取得了 ERR=0.25% 的成绩。

近年来，随着掌纹识别技术的不断发展，其在商业上也取得了一定的进展。2014 年，日本三菱银行在其 ATM 中使用掌纹识别进行客户身份确认；2015 年，蚂蚁金服在 ChinaJoy 中发布其具有掌纹识别功能的支付设备；掌纹识别正逐步走进人们日常生活。

8.9　最新研究技术

目前生物特征识别最前沿的研究技术包括汗液识别、眼纹识别等。

1. 汗液识别

美国纽约州立大学奥巴尼亚分校化学部的副教授在 *ChemPhysChem* 上发表文章，论述了一种全新的在智能手机或者智能手表等穿戴式智能设备上识别生物特征解锁的方法——汗液认证。

"汗液像指纹、虹膜一样，有着独一无二的个人固有特征"，这一点起到了重要作用。研究员着眼于皮肤的分泌物，即构成汗液的氨基酸，发现它和指纹一样，每个人的汗液都有自己独特固有的特征。从这一点出发，他提出了"汗液认证"的方案。将这些特征信息储存在手机设备上，就可以在解锁手机等需要认证的情况下使用了。

想要使用汗液认证，首先要多次测定一天之内不同时间段里使用者的汗液状态。因为不同人的在一天之内不同时段的汗液状态都是各不相同的。比如，比较上夜班的人和白天上班的人同在凌晨 2 点时的汗液量，就应该会有不小的差别。除了时间，年龄、性别、人种、身体特征、职业等不同也会导致汗液的成分比和量各有不同。将这一天中收集的汗液信息储存起来，当人们用手握住智能手机，或是把智能手表戴到手腕上时，就能够进行识别认证了。这样的汗液认证不仅精确度更高，还可以为那些无法进行指纹认证的使用者提供便利。这样一来，可以简便使用生物特征认证的人群又扩大了一些。

2. 眼纹识别

眼纹就是人的眼白区域的纹理，眼纹识别就是通过人体眼白区域的血管排布情况来区分人的身份。生物特征识别的一个重要特征就是唯一性，眼纹和虹膜类似，每个人的眼纹也是独一无二的，因此眼纹就可以和指纹、虹膜一样作为人的生物特征来进行识别。

眼纹识别技术首先需要对眼纹进行采集。在手机应用中，眼纹数据的采集主要是借助手机的摄像头进行；接着系统使用特征编码算法将眼纹特征转换成一个不可逆的密码，同时根据特定的算法，生成对应用户的特征码，并将眼纹数据数字化保存在系统数据库中；每个用户的眼纹数据会生成和用户对应的唯一特征码，从而可以在手机上实现对用户的精准识别。

人类的眼纹识别要通过对人类眼白区域的血管排布情况进行标记和精准识别来实现，如何从普通可见光摄像头拍摄的图片中提取血管分布细节，如何克服眼球反光、眨眼、眼睫毛干扰等因素影响都是较难解决的问题，因此眼纹识别的研发难度很高。

目前，在市场上已经有 ZOLOZ 公司成功研发的眼纹识别技术，实现了通过普通手机进行眼纹识别的生物特征识别技术。在国内，蚂蚁金服生物识别团队正在尝试把这样一项高难度的技术从实验室带到商用落地场景中，蚂蚁金服也是目前唯一一家掌握眼纹识别核心技术的公司。2016 年，支付宝的人脸登录通过率已经到达 80%，然而团队依然想做到更精准，提出了"90% 以上全流程用户通过率"的目标。同年，蚂蚁金服在美国收购了一家叫作 Eye Verify 的生物识别公司，这家公司研发的眼纹识别技术与蚂蚁金服的人脸识别技术叠加进行交叉验证后，识别率可以达到 99.99%。

第 9 章

生物特征识别技术在金融领域的
应用类型及方式

9.1 生物特征识别技术在金融领域的应用类型

随着生物特征识别相关技术的发展，生物特征识别系统的传感器、处理器、存储器的升级，多种生物特征识别技术日渐完善，逐步从理论层面进入商用阶段，应用到各个行业中。金融行业因其风险控制要求高的特点，对所应用的技术具有更高的要求，生物特征识别技术在金融领域应用的优势主要体现在以下四个方面。

一是生物特征识别技术认定的是人本身。由于每个人的生物特征具有与其他人不同的唯一性和在一定时期内不变的稳定性，不易伪造和假冒，因此利用生物特征识别技术进行身份认定，方便、安全、可靠。

二是生物特征识别技术产品均借助于现代计算机技术实现。生物特征识别技术产品很容易配合电脑和安全、监控、管理系统整合，实现自动化管理。

三是生物特征识别技术可有效避免传统短信验证手段潜在的风险。随着手机木马、伪基站等黑客活动日渐增多，短信验证码被拦截的可能性大幅增加，而生物特征识别技术的身份认证具有不可替代性，能有效防范被网络攻击的风险。

四是生物特征识别技术具有高服务附加值和高安全性的潜在优势。这一技术符合金融领域需要高效益、高性能的应用程序来助力其运行环境的要求，已成为一项非常吸引金融领域的新型应用技术，为该领域的风险防范又增加了一道坚固的壁垒。

基于以上优势，生物特征识别技术具备在金融领域应用的条件。在现阶段，根据生物特征识别技术在金融领域应用的类型不同，可以分为身份确认和身份辨认两大类型。主要解决两个问题：一个是"我是我"，即身份确认；另一个是"我是谁"，即身份辨认。

9.1.1　身份确认

在金融行业，传统的金融安全认证技术是基于信息（如密码）或介质（如银行卡）进行身份确认的，然而此类验证信息或介质具有可复制性、非唯一性、可抵赖性，存在安全隐患。媒体常常报道此类安全问题，银行卡密码被窃取、银行卡被复制，银行内部人员越权（操作、授权一手清）等，给客户、银行带来了不可逆转的负面影响和巨大的经济损失。基于信息的方式存在被复制、被破译以及遗忘的隐患，而基于介质的验证方式也存在被复制、遗失的风险。构建安全可靠的交易体系、保障客户信息安全，已成为金融安全的重点研究和实践方向。

使用生物特征识别技术的身份确认过程，主要是通过生物特征识别技术将用户的生物特征跟系统中预存的个人生物特征信息进行比对甄别，通过相应算法计算出相似度，确认用户是本人，且是用户本身真实的意愿，是一对一（1∶1）的比较。

9.1.2　身份辨认

身份辨认则是"辨认用户的身份信息"，是一对多（1∶N）的比较，通过视频、图像等资料信息的分析处理，实时获取用户的生物特征，并与系统中海量生物特征信息进行对比，通过计算返回相似度最高的身份信息，以达到快速定位客户身份的目标。在金融行业，往往需要在特定的场景下对特殊客户进行识别，如银行网点、ATM 附近出现公安机关所确定的"黑名单"人员，需要网点摄像头在拍摄现场影像资料的同时，迅速识别危险人物信息，及时发现潜在的威胁，为用户提供安全可靠的现场交易环境。与此同时，金融领域自身也在寻求提升客户服务的新模式，各金融领域的营销策略均集中在留住存量 VIP 客户、获取潜在优质客户两个方面。

其中对于留住存量 VIP 客户，关键在于提升客户优越感和满意度以增加客户的购买欲望，有调查显示"1 个满意的客户会引发 8 笔潜在的生意，其中至少有 1 笔成交；1 个不满意的客户会影响 25 个人的购买意向；争取 1 位新客户的成本是保住 1 个老客户的 5 倍"，而生物特征识别技术的发展正在帮助金融领域优化客户识别的过程，让金融领域为 VIP 客户提供贴身的金融服务成为可能，当 VIP 客户在不同区域、不同网点办理金融业务时，银行均可以通过基于生物特征识别技术的身份辨认方式及时识别客户，并通知客户经理辅助营销。

9.2　生物特征识别技术在金融领域的应用方式

生物特征识别技术在金融领域的应用方式包括实名认证、生物密码、生物 ID 这三种方式。实名认证是最广泛的应用方式，出于金融客户交易安全、账户安全等维度的考虑，金融领域多在传统安全认证的基础上辅助生物特征识别手段，以进一步确认是用户本人，同时是本人的交易意愿。生物密码更多的是在金融支付、转账等涉及资金往来交易中的应用，由于生物特征是客户随身携带的天然秘密，具备交易密码所需的所有属性，因此越来越广泛地被应用，但出于生物特征识别技术本身的限制，作为支付密码应用的场景现阶段仍相当局限。生物 ID 特指用客户的生物特征代替银行客户号、账号或银行卡号等金融 ID，仅有少数金融领域对此类应用有所探索，但都不是作为唯一的 ID，一般辅助身份证件号码、手机号码等其他 ID 进行使用。

9.2.1　实名认证

银行账户实名制是一项重要的、基础性的金融制度，是经济活动的基础，是建设惩防体系、打击违法犯罪活动、维护经济金融秩序的重要保障。银行账户实名制的核心包括核验开户申请人提供身份证件的有效性、开户申请人与身份证件的一致性和开户申请人的真实开户意愿三个方面，正是前面提到的真实身份和真实人的双重核查认证。身份认证是核验实名制的重要措施，历来是银行金融业务信息安全保护的重要内容之一，是信息安全防护的第一道关卡。

金融体系的实名认证往往依赖于公安系统给出的官方可信的验证。经调研得知，在公安系统开展居民个人身份信息采集的过程中，已将个人证件照图像存储至第二代居民身份证系统内，同时在身份证件 IC 卡芯片内存储经压缩的图像信息。在第三代居民身份证办理过程中，已经增加了居民指纹特征的采集。

现阶段，客户在银行开展网点开户、挂失、变更信息、网银办理、购买理财、结售汇等业务时均需携带身份证进行联网核查，一方面经公安系统认证身份证的真实性，另一方面公安系统将返回带网格安全加密的证件照片，供网点柜员人工核查业务办理人员身份的真实性。生物特征识别技术引入金融系统开展实名认证应用以来，主要的验证方式主要分为以下两种。

一种是使用外部生物特征数据库进行特征比对，此类应用多为人脸识别方式，各金融领域将用户现场照片与公安系统联网核查返回的证件图像进行比对，无须银行进行客户人脸原始图像的采集及注册。而此类验证方式对网络要求较高，在非工作时间无法进行联网比对，因此现阶段也有部分研究机构使用二代证内存储的人脸图像与用户现场照片进行比对，以实现脱机识别、24 小时身份认证的业务目标。

另一种是自建生物特征数据库进行特征比对，主要包括使用指纹、虹膜、指静脉、声纹等方式进行身份认证，以上识别方式现阶段均需各金融领域向客户采集原始的特征信息，并存储于银行的数据系统中，比对过程需将客户现场的特征信息与银行系统中存储的原始特征信息进行比对，各金融领域需保证注册图像、视频、音频数据的传输、存储安全。

9.2.2 生物密码

在金融服务领域，随着移动互联网的发展和安全形势的恶化，传统密码的弱点逐渐凸显，主要集中在以下两个方面。

第一个问题是在可用性、可记忆性、安全性之间的平衡过程中，便捷性受到了极大的挑战。例如，通过经常改变密码、增加密码长度、确认密码不形成一个有意义的组合和确保密码间不重复等方式可保证安全性，但是这使得密码非常难以记忆，在使用过程中也容易出错，并且互联网业务和应用场景越来越多，每个网络用户都需要拥有多个账户，需要记忆的密码过多，常常面临很大的困扰。

第二个问题是传统的银行密码存在安全风险。传统密码已使用了较长时间，在早期非网络信息化时代起到了很好的信息安全保护作用。但是随着网络化、信息化的发展，特别是在银行卡可伪造的情况下，单一密码方式的安全隐患逐步显现，主要有如下风险：为便于记忆将密码数字设置得过于简单，使卡被盗或被伪造后密码容易破解；互联网和移动终端的使用使数字密码在传输中被盗取的风险增大；个别银行系统存在即使码位不足，也可获得密码认证通过的漏洞；犯罪分子在 ATM 周围安装摄像装置盗取密码。

金融行业作为服务行业，更加注重客户体验，最理想的状态是简化用户进行身份认证的操作，做到用户无感知，直至有一天，实现用户不需要记住数字字母密码，用户本人就是密码。

生物特征识别技术恰恰可以解决传统密码身份识别存在的问题，一方面巧妙地实现了确认客户是真的在场，而不用客户记忆任何信息；另一方面又保证了密码的安全，5 位数字密码有 100 000 种排列组合，可以利用计算机很容易地尝试所有组合而破解，而生物特征几乎不可能通过超过 10 人的试错破解。

生物密码最为广泛的应用是移动支付，Goode Intelligence 公司一份题为《支付的生物识别技术—为个人定制支付安全保障：2015 ～ 2020 年市场与科技分析、策略及预测》的报告指出，以生物特征代替数字密码是未来发展的一大趋势。然而，无法忽略的是生物特征识别技术在金融支付领域的发展也存在一定局限性，有数据统计显示，生物特征识别支付的平均准确率仅为 96%，仍有 4% 的特征匹配识别，在生物密码匹配失败后，需要数字密码作为辅助手段。

9.2.3　生物 ID

在金融领域引入生物 ID 特指使用客户的生物特征代替银行客户号、账号或银行卡号等金融 ID。

金融是为真实的自然人或法人，提供资金在时间和空间上可能的最优配置，因此，金融领域的金融账户体系是基于客户实名身份识别的金融服务账户，通过账户体系确认"你是谁""你对资金如何处理"的问题。目前的各金融领域均使用对应客户的唯一的客户号，客户号下可开立多个不同类型的账户或是银行卡，然而单个个体名下数量众多的账户、来自不同银行不同类型的银行卡及对应的密码一直以来却给客户带来了众多烦恼，如出门须携带多张银行卡或存折等账户凭证，须为不同的金融凭证设置不同的密码等。

生物特征由于具备独特性、唯一性、准确性等特性，理论上可以代替银行卡号、账号等金融属性的 ID 信息。金融银行网点无须客户携带任何金融凭证，仅使用其天然的生物特征信息便可确认其在银行对应的生物 ID，实现金融交易，从根本上提升客户体验，减少凭证丢失、盗用所带来的金融风险。

由于生物特征识别技术本身仍存在一定局限性，现阶段此类应用方式仅处于理论阶段，并未得到应用。

第10章

生物特征识别技术在金融领域的
应用场景分析

10.1 应用场景

生物特征识别技术在金融领域的应用主要集中在金融安全和提升客户体验两个方面。在金融安全方面，与传统的安全技术和产品相比，生物特征识别技术具有识别精度高、识别速度快、防伪性能好等特点，为金融管理和金融服务提供了安全保障，在金库管理、通道控制、保管箱、银行卡、柜台身份认证、网上金融与电子商务等方面都有广泛的应用前景，银行也在积极探索和尝试生物特征识别技术在这些方面的运用，但目前进行大规模推广和运用的并不多，多为银行用户身份认证的辅助手段。在提升客户服务体验方面，较多的金融领域将生物特征识别技术应用于重要客户及 VIP 客户的识别、智能电话银行客户服务系统建设等方面。

这项技术在金融领域的应用根据应用场景不同大致可分为银行内控管理及客户服务两大方面。

10.2 内控管理

金融领域具有高负债、高风险的特点，其经营标的物是货币，很容易成为犯罪分子的作案目标。从近几年银行发生的案件看，有许多是内部控制不到位造成的，不仅给银行造成巨大的经济损失，也对银行的声誉造成非常恶劣的影响。因此，金融领域要想平稳地开展各项业务，实现既定的发展目标，必须加强内控管理。现阶段，各金融领域使用生物特征识别技术作为安全措施来强化柜员身份验证与业务授权、数据中心门禁系统、贵金属及尾箱押运等方面的管理。

10.2.1　柜员签到、签退、业务授权

在银行各业务系统柜员身份认证管理中，比较常见的有"柜员号＋密码"验证方法，而此类身份验方式存在较大的安全隐患：一是使用键盘输入密码时隐蔽性不好，易泄密；二是存在信任代替制度，密码变成明码的情况，权限卡变为通用卡；三是计算机只认密码不认人，柜员密码一旦被盗用、仿制或泄露，出现问题时责任不明，无法确定作案者身份；四是柜员喜欢用容易记忆的生日或特殊数字作为密码，易破译；五是主管人员或操作人员密码失窃后，形成操作、授权"一手清"，造成管理漏洞。

为此，各银行均制定了严格的管理措施。例如，要求定期更换密码；成立稽查部门对柜员遵守制度情况进行检查；对违反制度的柜员进行处罚；规定"章随人走、卡不离身"等。尽管如此，柜员内控管理的问题依然存在，如业务授权人员临时离岗、柜员临时离柜、节假日值班等情况都可能造成安全隐患。由于上述问题的存在，近年来，银行内部工作人员盗用他人密码、非法窃取、伪装身份访问超过自身权限的系统和挪用储户资金的案件时有发生。加强银行内部人员的安全控制管理，减少内部人员金融犯罪的发生概率，是各银行都迫切需要解决的问题。

近年来，各金融领域逐步将生物特征识别技术作为关键的安全方式应用于内控管理。其中指纹识别由于成本低、应用简单等优势成为最广泛的应用技术，杜绝了假冒、复制、顶替等窃取柜员身份的犯罪手段，对一些以信任代替制度的违规操作方法，起到了杜绝的作用；对现有的操作管理制度是一种很好的补充，特别是对于责任确定、权限划分具有很好的作用。采用指纹身份识别模式实现了"只认人不认密码"的登录方式。在某种程度上，有效地克服了上述各大银行内控管理上的弊病，最大限度地保证金融业计算机系统免受非法入侵。对于案发后的查证、取证、

留证，因为有了指纹身份认证，也达到了无法抵赖，无法篡改，明确责任的效果。

现实中，根据各金融领域的商业银行（尤其是国有银行）的实际情况，主要有以下两种应用方式。

1. 嵌入式（集中比对方式）

它是更加安全的身份认证解决方案，与外挂式系统最大的区别在于采用指纹完全替代了基于密码、磁卡或 IC 卡的身份认证体系（或与之并存）。在嵌入式方案中指纹服务器作为第三方案认证服务器存在于业务系统中，后台主机针对身份认证方式进行程序修改，需要进行身份认证时与指纹服务器进行通信，提出验证指纹的请求，指纹服务器在收到验证请求后，进行指纹验证，指纹验证完毕后将验证信息（成功或失败）直接返回给后台主机，中间不再有密码、磁卡或 IC 卡信息的存在。它的特点是：安全性高，管理灵活，真正实现指纹技术和银行业务的有机结合；可以完全改变目前的身份认证方式；需要对银行的服务器软件和业务软件进行修改。

目前，有的银行的做法是柜员临柜前进行指纹登录，实现柜员身份验证；在做核心交易过程中，进行业务授权和复核方面的操作，均采用指纹进行校验，有效缩短柜员操作时间。

还有的银行采用的是指纹、卡、密码组合的方式，实现柜员签到、签退和业务授权。指纹实现存在本地，数据在本地完成比对。为了提升系统的安全性，该行计划将该模式更新为虹膜加人脸识别的模式，以实现人脸签到、签退。

2. 外挂式（分布的比对方式）

它采用外部接入的方式将指纹身份认证系统以外挂的方式接入银行的业务系统。指纹比对在外挂的指纹柜员终端中进行，比对验证通过后，在网络中传输的数据是柜员号和密码数据，服务器的认证方式和原有系统相同，而不必对原业务系统的验证传输接口进行更改。外挂式系统主要的好处是对银行的业务系统没有影响，方案的实施速度快，见效快，成果显著。

外挂式根据是否采用 IC 卡又可分为网点 IC 卡型（每个网点使用一张 IC 卡，网点所有柜员的指纹都存储在 IC 卡中）、柜员 IC 卡型（每个柜员一张 IC 卡，柜员指纹数据存储在柜员卡中）和无卡型等多种应用模式。

10.2.2　数据中心、金库门禁系统

门禁系统在整个金融领域安防系统中占据了最主要的地位。银行数据中心、金库等重要资产存储区域门禁系统的优劣，直接关系到国家的金融市场稳定性和人民财产的安全性及金融从业人员的生命安全。生物特征识别门禁是指使用人体指纹、掌纹、静脉、人脸等生物特征识别方式的门禁，而指纹识别认证技术以其使用简易、设备简洁、功耗低等明显优势，已成为目前应用最为广泛的方案。生物特征识别的门禁系统按照产品功能划分为单独的前端读取器和一体机两种方式。

1. 单独的前端读取器

生物特征识别的读头可以通过联网的方式（TCP/IP 和 RS485 的方式）进行指纹的上传、下载等，可以输出一个标准的读卡器连接格式，另外的一些功能包括在现有的射频读卡器上增加防拆开关、指纹识别、胁迫输出等，在门禁控制方面则由相关的门禁控制系统来完成。现在专业的门禁控制系统已经不仅仅包含进出的功能，还是标准的集成安防系统，可以与包括监控和报警等项目在内的系统进行整合集成。将具有生物特征识别的前端和专业的门禁控制系统体系配合使用是目前主流的门禁系统的生物特征识别应用。

2. 一体机

生物特征识别设备前端和门禁控制集成在一个机壳内，一般其配置的功能为：时区、报警输出、组合、组、双 / 多人进出选择、门磁输入（判断门是否被非法打开，门未关好）、防拆报警、出门按钮、门铃接口、液晶显示、至少 3A 的电锁继电器输出、键盘输入以及 TCP/IP、RS485、RS232 联网。一般来说，有大于 500 个用户（每个用户三个特征点）的容量，支持密码。一体机由于其控制部分也和前端在一起，因此其产品的安全性有一定的局限，在一些安全性要求高的场所必须慎重使用。

目前，针对银行金库及现金保管点的分布式应用、集中式管理要求的特点，银行异地值守的概念，采用本地和监控中心双向认证的方式来确保金库门的安全。本地组合认证通过后，监控中心才会接收到开门请求并具备开门权限，经过监控中心确认后，金库的门才能被打开。

10.2.3　贵金属、尾箱等金融押运

银行押运作为银行安全的重要组成部分，近年来其库房装箱、在途运输、网点交接等过程的安全性、可靠性越发受到金融领域的重视。而银行 IC 卡交接和手工交接的传统方式日益凸现弊端：手工交接方式主要依靠人工脸面识别的方式（通过内部人员面部识别），IC 卡依靠密码认证方式，而这些身份认证方式都是依靠严格的管理来贯彻执行的，如果人员变换，出现管理漏洞或密码泄露等问题，就极有可能给银行资金造成巨大威胁。

生物特征识别技术与物联网技术融合应用到银行押运交接管理系统中，能有效满足银行押运的安全需求，可彻底解决现行管理制度和办公中存在的漏洞，有效地加强押运员的管理工作、强化管理制度，有效杜绝内网勾结犯罪的情况。现阶段，各金融领域主要应用指纹识别的方式，款箱在离开金库装上押运车时，交接人员均需通过指纹设备确认个人身份，在押运车到达网点后，押运人员与柜员交接过程同样使用指纹设备进行身份认证，从而确保款箱的流转过程安全、可靠。

近年来，由于静脉识别技术得到了快速发展，其准确性、防伪性远高于指纹识别，金融押运过程的身份认证有从指纹识别向指静脉识别转变的趋势，各静脉识别厂商已经研发带指静脉识别模块的尾箱及采集设备。在新的押运过程中，通过采集设备采集静脉指纹，从而确定尾箱的收件人，标识尾箱在归属于哪位押运人员的运送途中，增加尾箱押运的可追溯性。通过系统控制，实时定位押运人员，通过静脉识别技术，实时跟踪押运人员所携带尾箱的位置，确保"人箱合一"，实现尾箱押运实时监控，增加贵金属、尾箱等金融押运的安全性。

10.2.4　员工日常管理

以前，在员工的日常工作生活过程中，生物特征识别技术应用主要体现在两个方面：一个上下班打卡签到登记，目前主流的方式是刷卡的方式；二是员工内控方面，员工在网店办理业务的过程中，往往要经过多次复核，用输入密码的方式进行操作，将会耗时耗力，影响到业务办理速度。目前，可结合生物特征识别技术，采用人脸识别或者指纹识别技术，快速实现员工上下班打卡记录登记，方便员工在不

带卡的情况下，也可以轻松实现上下班打卡，大大提高了员工的便利性。同时，在员工管理方面，利用生物特征识别技术更能体现打卡的真实性，便于管理。

在中国银行的网点，通过指纹识别技术，进行业务复核：业务人员只需要初始录入指纹，后续在业务复核过程中，用手指轻轻一按，即可验证身份，简单快捷。这既满足了业务复核验证的需求，又能节省时间，提升业务办理效率。

在中国建设银行，员工进出办公区域，实行人脸考勤的方式进出门禁。

10.3　客户服务

10.3.1　柜面业务

现阶段，金融领域在柜面办理开户、开立网银、大额转账汇款、卡折挂失、修改密码、变更客户信息、销户、交易查询、卡激活、领卡换卡、结售汇、历史信息打印等业务过程中，均需柜员核实客户为本人，而非他人冒用其身份信息进行非法活动，需客户提供身份证证件进行联网核查，确认身份证件的真实性，同时需柜员通过人工比对联网核查系统返回的照片确认是否为本人，在开户过程中还需要双人共同核实，经复合人员核准后方能办理业务，无形中增加了业务办理时长，而仅凭人工辨识的方式仍存在一定的业务风险。目前在柜面应用的生物特征识别方式主要有人脸识别、指静脉识别两种方式。

1. 人脸识别身份认证

人脸识别技术进行客户身份认证，更客观、科学地实现"人证合一"，降低"肉眼"观察的主观意识和失误辨认，同时可有效缓解柜台业务压力，减少客户排队时间，有数据显示人脸识别技术能够代替 80% 的人工完成客户身份核验，而且整个人脸识别过程不到 1 秒，辅助人工核查可节省客户 40% 的排队时间。应用此项技术的金融机构主要有建设银行、招商银行、民生银行、光大银行、深圳农商行、中信银行等。

此项应用技术已在农业银行某些网点柜面投入使用。针对柜面个人综合开户，在本人办理的各种金融类交易场景中，在现有二代证联网核查的基础上，增加客户人脸识别环节，柜员通过柜面设置的拍摄仪拍摄客户照片，系统自动触发与客户身份证照片、公安部联网照片进行比对，并向柜员展示人脸识别结果，辅助柜员进行客户身份识别，加大了对客户身份的审查力度。

2. 指静脉识别应用

在指静脉识别应用方面，中银香港成为首家将指静脉识别技术应用于柜面业务的银行：客户在首次登记时，首先需要进行样本采集，这部分操作在柜面进行，大概需要 1 分钟的时间；之后每次交易只需要在指静脉识别设备上进行简单认证，即可完成提款、汇款等全线银行业务。

10.3.2　自助设备

随着生物特征识别技术的发展成熟，包括 ATM、VTM、智能柜台、自助发卡机在内的银行自助设备也逐渐开始应用生物特征识别技术，包括静脉识别、人脸识别、虹膜识别、声纹识别，使交易场景更便捷，大幅提升了客户体验。具体应用现状如下所示。

1. 静脉识别办理业务

采用静脉识别办理业务，客户无须携带卡或存折，无须输入密码，避免了机器吞卡、密码被人窥视或忘记密码等问题，使得客户使用自助设备更加简单、方便、安全、可靠。使用该功能前，用户持本人身份证、签约卡和手机到柜台，即可办理静脉识别的签约、信息变更或解约业务。

客户在具备静脉识别模块的终端进行交易时，只需手指轻轻一扫，再输入手机号码或出生日期辅助进行身份认证，银行后台就可以根据客户在柜面签约时预留的手指静脉信息和银行卡的对照关系，自动获取交易卡号信息，省去了携带银行卡的麻烦。如南京银行推出的手指静脉技术存取款机，没有密码键盘，客户在柜台签约账户信息和手指静脉信息后，无须插卡或输入密码，将手指放入终端的手指静脉识别仪，即可进行取款；四川攀枝花银行推出了具备掌静脉识别的自助终端，客户进行交易时，只需输入手机号，通过掌静脉扫描认证，输入正确密码，就可以通过机具办理存取款业务。兰州银行安装指静脉识别模块的存取款终端，用户只需指静脉认证成功，便可办理存取款查询等自助业务，享受"一指取款"的便利。

在日本、韩国的各金融领域，静脉识别被更广泛地应用以替代卡密码，客户插卡后，无须输入卡密码，只需静脉认证成功，便可在自助终端轻松进行存款、取款、查询等自助业务。静脉识别 ATM 业务在日本的覆盖率达到了 80%，客户使用 ATM 时，采用指静脉识别或掌静脉识别代替用户密码，避免了用户密码泄露的风险；波兰 BPSSA 银行自 2010 年 8 月开始引入采用指静脉识别技术的自动取款机，也是欧洲首次将生物特征识别技术应用到取款机上；国内应用这项技术的大型商业银行为中银香港，它在 ATM 上增设"静脉认证"设备，客户只需一次性登记"指静脉认证"，随后便可运用指静脉取代卡密码，客户插卡后，可使用静脉确认代替输入密码，进行现金取款、转账、账户查询，申请月结单或支票簿等交易；国内交通银行扬州分行在自助设备上启用了集成指静脉识别设备的自助终端，目前该终端在使用上还需要携带银行卡，并且输入密码，指静脉识别只是起到了辅助认证的功能，并没有完全代替密码或者实现无卡取款。

2. 人脸识别代替银行卡

人脸识别代替银行卡，主要的应用场景为 ATM 刷脸取款，客户在 ATM 点击"刷脸取款"按钮，输入手机号码或身份证号码等辅助身份认证信息，ATM 会启用摄像头拍摄取款人的面部照片，并将之发送给后台人脸识别系统，人脸识别系统将客户现场照片与身份证联网核查等可信照片源进行比对，准确判断出取款人是否为客户本人，比对通过后系统自动返回客户的取款账户信息，客户输入取款金额和密码，后台验证密码无误后便可完成取款。刷脸取款在前期无卡取款的基础上提升了安全性和便捷性，"ATM 无卡取款"通常需要用户提前通过手机银行预约或使用手机银行扫描 ATM 取款二维码，而刷脸取款则无须此类操作即可完成取款；在安全性方面，运用活体检测等安全认证技术，恶意使用照片、拍摄时多人入镜、佩戴墨镜等情况均无法通过人脸认证，并且验证客户交易密码作为双重保障。

招商银行在 2015 年首次推出刷脸取款 ATM，设置单笔限额为 3000 元以保证客户资金安全，目前已在全国 106 个城市近千台 ATM 上实现"刷脸取款"功能；2017 年，农业银行也推出"刷脸取款"，并使用活体检测技术、交互验证等方式提高识别准确度，同样限定用户每日取款累计不能超过 3000 元，计划在全国 10 万台 ATM 上安装人脸识别系统；2018 年年初，中国银行在雄安分行上线"ATM 刷脸取款"项目，客户无须带卡，在 ATM 上选择"刷脸取款"后，ATM 启动红外双目摄像头进行拍照并将现场照片发送给后台，客户输入手机号等辅助身份认证信息后，后台人脸识别系统自动对客户身份证件照片与现场照片进行比对，比对通过后，ATM 自动显示客户默认的刷脸取款卡号，客户也可选择其名下其他的银行卡号，并输入密码完成取现。中行和农行采用的红外双目摄像头活体检测技术，可同步实时采集客户的近红外和可见光两种图像，并分析客户的面部微小动作，提升活体检测安全性，有效防止使用照片或面具进行攻击，识别准确度高且用时短（基本可在 0.3 秒内完成），不再需要用户配合完成动作检测，在升级安全性的同时提升了用户体验；地方性商业银行（如恒丰银行多功能旗舰型智慧银行、江苏银行）也部署了"刷脸取款"ATM。

3. 人脸识别进行身份认证

近年来，商业银行陆续推出智能柜台、VTM 等智能终端来提升客户体验、缓解柜面压力，在智能终端设备上使用人脸识别进行身份认证是银行目前最普遍的应用场景。人脸识别技术将办理人的现场照片和身份证照片、客户已留存照片进行比对，并根据对比结果判断进入业务办理或进入人工审核环节，采用人脸识别技术进行身份认证，能有效防止虚假身份冒充，实现用户身份精准识别和便捷认证。

中国银行推出的智能柜台在办理开户、卡激活、客户信息变更、大额转账等业务时，采用人脸识别技术，将现场采集的人脸照片发送至行内生物特征识别技术平台系统，该系统将现场人脸照片与身份证件照片进行实时比对，准确进行身份认证。通过人脸识别技术在智能柜台的应用，减少了现场人工审核的次数，大大提高审核效率。由于现场人工身份审核机制的简化，一名银行人员可同时兼顾多名客户的交易审核，银行人员由"串联"交易模式，优化为"并联"交易模式，大幅减省前中台业务环节和资源投入，有效缓解银行前台人员不足的问题；中国农业银行的"超级柜台"利用人脸识别技术，其主要用于办理非现金业务时进行人脸识别辅助客户身份鉴别，省去签名等烦琐的流程，快速办理业务；目前交通银行、工商银行、建设银行、兴业银行、广发银行等多家商业银行均引入了人脸识别审核应用，其中建设银行在全国范围内使用人脸识别进行身份核验的日交易量在 10 万笔以上。

4. 虹膜识别认证身份

美国 ATM 制造商 Diebold 的新型虹膜扫描 ATM 可使用虹膜识别技术认证客户身份，通过手机应用配合完成 ATM 取款。使用时，用户先打开手机应用输入取款金额，接着，ATM 扫描用户的虹膜完成用户身份认证，最后通过手机应用扫描 ATM 屏幕上的条形码进行交易确认，即可完成 ATM 取款。该产品尚处于实验阶段，目前并未投入使用。美国 Iriscan 研发的虹膜识别系统已经在美国得克萨斯州联合银行的三个营业部应用于储户辨识。储户通过取款机取现时，无须银行卡和密码，取款机通过扫描客户的虹膜，将采集到的图像转化为数字信息，并与数据库中的虹膜资料进行比对，完成客户的身份识别。国内建设银行也将虹膜识别应用于自动柜员机取款，目前已完成原型机的研发。基于虹膜识别的自动柜员机，能提供很高的安全等级，实现无卡取款，取款的额度也较高，但目前尚处在实验阶段，并未投产。

5. 声纹识别取款

目前银行自助终端本身尚未直接集成声纹识别，比较常见的应用是利用手机银行等 App 的声纹识别功能替代银行卡或卡密码完成自助交易。比如，建设银行推出的声纹取款功能，利用个人声纹识别技术，通过将客户声纹与其在系统中预留的声纹进行对比，来代替银行卡和密码验证，完成无卡取款。客户需登录手机银行预留个人声纹信息，开通声纹取款功能后，可以通过先在手机银行验证声纹再扫描 ATM 二维码取款，或者先扫描 ATM 二维码，再验证声纹取款。

6. 集合多种生物特征识别技术的智能终端

2016 年，以自助设备产业为核心的国有高科技企业广电运通在业内率先推出了集成了指静脉、人脸、虹膜三种身份认证技术的 ATM，提供"三管齐下"的身份安全认证通道，在日常操作中，用户通过该 ATM 机型可以自由选择指静脉和人脸、虹膜和人脸等不同类型的组合方式，具备替代银行卡或取款密码的技术水平，不难看出多维度"复合识别"成为大势所趋。目前，该机器尚未在商业银行投入运营。

10.3.3　手机银行

在手机银行客户端，各大商业银行纷纷使用生物特征识别技术作为安全认证的主要方式之一，包括指纹登录、声纹登录、指纹支付、人脸认证等方式，有效满足了客户身份认证的安全和便捷需求，但现阶段应用多以辅助手段为主，客户可自主选择是否开启对应的生物特征识别功能，仅在单日累计交易超过 5 万元时，有多家银行出于资金安全考虑，强制发起人脸识别验证以确认为客户本人。各商业银行的应用现状如下所示。

1. 大型国有商业银行的应用现状

工商银行手机银行面向苹果手机用户，增加了指纹登录和指纹支付功能，使手机银行启动速度缩短至 0.1 秒。客户进入工行"融 e 行"手机银行的"安全中心"菜单，在"登录管理"中启用指纹登录开关并认证指纹即可使用该功能。同时，客户在工商银行"e 支付"栏目中开通指纹支付功能后，当收款方为工行账户、金额满足支付限额要求时，客户即可使用指纹支付进行境内汇款。

中国银行手机银行面向安卓和苹果手机用户，增加了指纹识别和人脸识别功能，指纹识别用来完成登录。客户通过人脸识别可进行自助注册，无须前往网点办理，在家中即可开通并使用手机银行的全部功能，此外，人脸识别还用来进行交易中的加强认证，被后台识别出有风险的交易都需要进行人脸认证。

建设银行手机银行支持指纹功能和声纹功能，其中指纹功能包括指纹登录和指纹支付，但指纹登录成功需要 3 秒左右，指纹验证成功即可完成支付，不需要其他方式进行辅助验证。声纹功能则使用"声密保"实施方案，通过对动态密码声纹中的密码内容及支付申请人身份的双重识别，实现对移动支付合法性的双重验证。

农业银行、交通银行手机银行提供指纹登录和指纹支付功能，但安卓版本不支持指纹支付；中国银行手机银行支持指纹登录功能，但不支持指纹支付。

2. 股份制商业银行的应用现状

民生银行是国内首个在手机银行试水生物特征识别技术的银行，在个人版或小微版手机银行中，如果使用 iPhone 5s 及以上手机或其他苹果移动终端且开通

Touch ID 功能，即可在手机银行"个人设置"中选择"指纹支付设置"验证个人指纹和输入交易密码开通指纹支付服务。当客户使用民生手机银行转账或消费时，均可通过指纹进行身份验证和支付。此外，民生银行为其 VIP 客户定制集中虹膜识别模块的智能手机，并应用于普通消费场景，但是目前的虹膜支付仅用于替代短信验证码；"交易密码＋虹膜验证"可用于手机银行话费充值、便民缴费、商城支付等全部支付场景，进一步强化了客户交易安全性，对 VIP 客户的差异化服务也在一定程度上增强了客户黏性。

招商银行在手机银行"安全管理"中配置了刷脸、指纹功能，手机银行用户可自主选择是否开启该两项验证及支付模式，其中指纹功能支持指纹登录及指纹支付，刷脸功能支持远程开户身份认证，并在客户发生大额转账、支付消费时，强制启动人脸识别，验证交易是由本人发起的。截至 2017 年 4 月底，招商银行 App5.0 中每日 130 万人使用指纹登录，每月 210 万人使用人脸识别功能，覆盖 App5.0 中的 22 个功能场景。

平安银行手机银行支持指纹识别及人脸识别功能，其中指纹识别功能仅支持手机银行登录，但不支持指纹支付；当客户日累计转账超过 5 万元时，需要通过人脸识别安装数字证书完成转账交易，通过手机摄像头获取的现场照片与银行后台存储的证件照片进行比对，完成身份认证后才可下载数字证书。

中信银行手机银行也支持指纹功能及人脸功能，应用模式与招商银行类似；华夏银行手机银行支持指纹登录，但不支持指纹支付。

3. 地方性商业银行的应用现状

手机银行可设置指纹登录的银行包括：杭州银行、渤海银行、苏州银行、宁波银行等，但并非所有支持指纹功能的手机银行都支持指纹支付，如杭州银行手机银行就仅支持登录不支持转账支付；应用声纹登录的手机银行则主要是贵州银行与兰州银行。

在手机银行中应用声纹识别进行身份认证的银行包括：浦发银行、西安银行、乐商银行。

4. 国外手机银行的应用现状

花旗银行手机银行支持声纹认证，客户通过语音作为密码完成身份认证，这是第一家在中国广泛采用自由语音声纹认证的国外银行，在亚太地区，迄今为止已有超过 448 万个客户使用这项服务。

　　汇丰银行手机银行支持刷脸转账，当客户向新收款人进行小额移动转账时，需要结合使用人脸识别技术与动态验证码等手段，多方面的身份验证，有效保护了客户的资金安全。通过使用人脸识别的方式，汇丰手机银行客户可以进行每日累计不超过 5 万元人民币的小额移动支付，保证客户的小额移动支付业务更加安全和便捷。

10.3.4　电话银行

　　在电话银行应用领域，声纹识别无疑是最适合的方式，利用每个人声纹特征的唯一特性，将声纹识别引入到现有电话银行系统中，在原有静态密码认证的基础上增加了一把安全锁。客户在首次使用时需对声纹进行注册，目前声纹识别支持数字密码、固定文本和自由说三种方式。声纹注册成功后，客户在每次使用电话银行系统时，可按照注册时使用的方式说出语音口令，系统便可将客户的语音口令声纹信息与注册的声纹特征进行比对，判断其是否为客户本人，从而提高了交易的安全性，解决传统电话银行认证方式上的安全问题。

　　1. 国外银行的应用现状

　　英国巴克莱银行、汇丰银行均使用声纹识别验证客户身份。其中巴克莱银行的私人银行部门是世界上第一个使用声纹识别技术进行身份认定的金融企业。93% 的客户对其速度、安全性及方便性给予了高度评价，在使用该项功能前，客户必须输入密码或者 16 位的借记卡密码以证明自己的身份。目前，客户只需要简单说几句话，银行的声音识别技术会将谈话内容与用户在银行的声音存档进行对比，通过独一无二的声波纹特征迅速识别客户身份。汇丰电话银行的声音识别系统通过分析一个人的声音可以监控超过 100 种独特的声音特征，包括节奏、口音、发音，还有声音所对应的喉管、声道、鼻腔的形状与尺寸，目前已支持客户使用声纹特征作为支付密码进行转账支付。

　　花旗银行是第一家在中国广泛采用自由语音声纹认证技术的银行，花旗银行的对话声纹验证服务可在自然对话过程中验证呼叫者身份，使客户无须牢记多个个人识别密码或回答连串问题就可以进行常规查询，以获得更为方便、安全、快速的身份验证体验。当客户通过花旗银行 24 小时服务热线与客户服务专员对话时，系统会在 15 秒内自动辨识客户身份，相比目前平均约 45 秒的认证时间，大为缩短。

2. 大型国有商业银行的应用现状

中国银行目前正在引入声纹识别技术，拟将其应用到电话银行中，应用场景包括：座席员在与客户交谈中可选择声纹识别功能确认客户身份；在低风险交易中使用声纹识别进行客户身份验证代替现有电话银行密码核验方式；在部分中级及以上级别风险交易中，在原有电话银行密码核验方式上增加声纹识别辅助身份认证。该行通过对客户声纹的验证，增强电话银行交易的安全性。

3. 股份制商业银行的应用现状

浦发银行信用卡中心服务热线也引入声纹识别功能，即可通过声纹来判断进线客户的真实身份，让客户无须再牢记"数字密码"，用声音代替按键输入，有效解决客户遗忘或混淆密码而带来的困扰。

10.3.5 客户识别

在银行网点营业厅管理中，存在着来宾人流量大、身份识别困难、识别不及时的难题，如果能快速准确识别来宾身份，对客户提供有针对性的差异化服务，无疑是对银行、客户的双赢的解决方案。

在各生物特征识别技术中，人脸识别技术不需要客户主动配合，采用非接触式手段采集人脸图像，操作隐蔽性强，没有主动侵犯性，容易被客户接受，因而特别适合银行网点用于客户识别。该技术所需的采集识别设备通用、简单，尤其是客户资料采集设备成本较低，主要包括客户信息采集器，即一台 CCD 摄像头，常置于银行的出入口处，镜头对准进入银行的客户，通过银行内部局域网与装有人脸分析程序的客户识别系统前置主机相连。目前，其应用场景主要有 VIP 客户识别、黑名单识别两个方面。

1. VIP 客户识别

当贵宾 VIP 客户进入银行网点时，网点内布置的摄像头可自动捕捉来宾的人像信息，包括现场图像、视频流数据等，并从中实时抓取人脸图像，与后台 VIP 客户人脸图像数据库进行比对，当发现匹配人员信息时，自动通过电脑或移动设备通知大堂经理或客户经理；同时识别系统可自动记录贵宾客户进出时间、停留场所、各时间段的贵宾客户流量、办理业务时间、关注我行产品情况等详细信息，帮助银行网点进一步分析厅堂客户详情，以便客户经理向 VIP 客户提供针对性营销与服务。

农业银行已经在重庆和江苏分行投入使用 VIP 人脸识别系统。首先，根据业务提供的数据，银行后台系统会预先铺底一部分 VIP 客户的人脸信息，以及对应的账户、资产、银行产品关注信息等。当客户进入网点时，银行后台系统通过网点内各处设置的摄像头，捕捉该客户的人脸图像信息，并且同步获取到客户所处的位置信息等；银行系统将人脸信息与预先铺底在系统内的 N 个 VIP 客户的人脸信息进行比对，识别该客户是否在 VIP 客户范围内；当发现客户属于 VIP 客户时，同步获取到该客户的身份、资产信息，系统会通知客户经理进行关注。此时，无论该客户在网点的什么位置，都会有客户经理主动对该客户进行服务，提供精准营销，提升客户体验。

2018 年 4 月，建设银行首家无人银行亮相中国上海浦东开发区。客户进入无人银行后，首先需要识别的就是客户的身份，此功能就是由分布在网点四处的摄像头通过人脸识别来完成的。客户对应的身份信息、资产信息以及位置信息会实时发送到银行后台系统，从而触发银行内放置的机器人来对客户进行主动的银行服务。

2. 黑名单识别

客户识别同样可以应用于网点安防布控，在后台建立公安系统提供的黑名单人员图像信息数据库，在各营业网点的出入口实施实时视频监控，自动记录人员出入信息，一旦发现设定的黑名单人员，系统便可自动进行布控预警，进而有效避免犯罪事件的发生，给客户提供安全、可靠的金融服务环境。

现阶段，各商业银行止在研发基于 1：N 人脸识别技术的客户识别系统，其中长沙银行 VIP 客户识别系统已投入正式使用。

10.3.6　保管箱业务

保管箱是银行为方便客户寄存贵重物品和单位凭证而提供的安全、可靠的保密设施，是代理保管的一种，指银行将自己设有的专用保管箱出租给客户使用。它可存放金银珠宝、有价证券、契约、合同、文物珍品、重要资料和保密档案等，具有品种齐全、租价适宜以及开箱方式安全可靠等特点。

由于保管箱一般存放对客户来说比较重要的个人物件，因此对安全性要求较高，需要确保客户本人方能打开保管箱，因此现阶段各商业银行较多采用指纹识别方式，在开立保险箱时需要客户配合采集双手指纹，部分银行在验证过程中要求两个以上的指纹特征同时通过验证方能打开保管箱。近年来，由于保管箱业务的特殊性，其对安全性要求普遍高于普通银行业务，根据各生物特征识别技术安全性分析的结论，身份确认方式有向虹膜、指静脉等安全系数更好的认证模式发展的趋势。

目前，工商银行采用总行集中部署，分行调用的系统管理模式，采用指纹登录的方式核实开箱；建设银行的保管箱业务采用指纹登录的方式进行身份确认。

10.3.7 互联网金融

2015 年，互联网金融公司已纷纷布局生物识别，京东钱包、微信等互联网产品在进行登录或关联银行卡环节中嵌入了人脸识别技术；2015 年 12 月底，支付宝推出全新版本，上线了"人脸识别"登录。2016 年 1 月，微信公布了生物认证开放平台"TENCENT SOTER"，旨在帮助开发者迅速实现生物认证功能，由此吸引了一大批手机品牌商与之合作，手机用户可以借助指纹识别等生物特征识别技术使用微信支付功能，否则只能使用传统的密码支付。同期，国美金控旗下消费分期产品"美易分"正式上线，并将"刷脸办分期"作为一大亮点。对着手机点头、眨眼、左右转头，仅需要 3 分钟，一笔消费分期的审核就快速完成了；此外，定位于互联网金融服务平台的融 360 也宣布把人脸识别运用到"天机"系统中，升级整个大数据风控服务，从而帮助使用者减少身份核实的人工审核。数据测算显示使用"天机大数据风控"+"人脸识别"技术，5 万元以下小额贷款可以省掉大部分人工审核，将身份核实的成本降低到原来的 20% 左右。对于没有能力单独购买人脸识别技术的机构（例如小贷公司和 P2P）来说，接入天机系统就可以一站式地完成线上获客、审批、放款，极大提高贷款的效率和反欺诈的有效性。

商业银行也在孜孜不倦地追求"人工智能"与互联网金融的融合。除了手机银行之外，银行正在积极探索将更多的线下银行业务转移到线上，从而为更多的互联网渠道用户提供银行服务。例如，某银行正在研发 H5 端人脸识别活体检测的方案，以便在 H5 页面上提供人脸识别服务，为用户提供金融交易必要的简单快捷又安全的身份认证手段；通过 H5 页面的方式，将更多的银行业务嵌入各种金融 App 内，吸引更多客户，提高受众面，扩展服务场景，提高市场占有率。

第 11 章

生物特征识别技术在金融领域应用选型体系

11.1 生物特征识别技术筛选方法

生物特征识别技术在金融领域具有广泛的应用前景，但生物特征识别方式繁多，各自均具有其优势与局限性，如何扬长避短，在实际应用中选择合适的技术是生物特征识别在金融领域成功应用的关键因素。此外，同一生物特征识别技术具有多种实现算法，各算法间性能、特点均具有差异，建立统一的算法评价方法可以有效地帮助金融领域在应用生物特征识别技术时进行算法选型，确定算法供应商。

11.1.1 生物特征识别技术筛选流程

生物特征识别技术是以生物特征为依据，实现身份认证的技术。如前文所述，主流生物特征识别技术包括行为特征与生理特征，生理特征又分为体内特征与体外特征，对不同的生物特征信息需要使用不同的采集设备与采集方式进行采集、使用不同的算法进行特征提取，这造成了不同生物特征识别技术之间的差异性。不同生物特征识别技术存在功能性区别与性能性区别，主要体现在生物特征信息采集方式、识别性能、安全性、系统性能等方面。根据这一特点，为了更好地确定某一具体应用是否适合采用生物特征识别技术、适合采用哪种生物特征识别技术，本章提出结合符合性功能筛选与选拔性性能筛选的生物特征识别技术筛选方法。

首先，根据不同生物特征识别技术的特点设计生物特征识别模式功能性筛选字典，从生物特征信息采集、应用功能与安全性 3 个维度 8 个子因素对需要分析的业务进行拆解，采用查表的方式进行符合性筛选，排除不适用的生物特征识别技术。然后，采用层级结构法与德尔菲专家打分法相结合的方式从生物特征信息采集、应用功能、安全性与系统性能 4 个维度 12 条准则对符合要求的生物特征识别技术进行评价，定量地筛选出最适合该业务的生物特征识别技术。

筛选流程如图 11-1 所示。

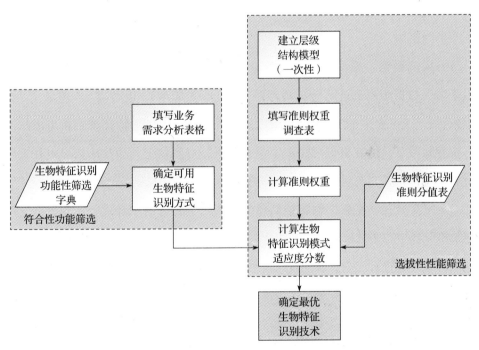

图 11-1　生物特征识别技术筛选流程图

11.1.2　符合性筛选

符合性筛选即资格性筛选，是针对生物特征识别技术功能完整性、有效性的测试，只有全部因素均符合业务需求的生物特征识别技术才能通过筛选，若全部生物特征识别技术未通过符合性筛选，则该业务需要多种生物特征识别技术联合使用或不适宜采用生物特征识别技术。

符合性筛选过程包含两个步骤：第一步，由专业人员填写功能性业务需求分析表，根据预先确定的功能性筛选字典包含的因素对待分析业务进行拆解，确定每一因素对应的状态；第二步，根据分析表结果在生物特征识别功能性筛选字典中进行查找，确定符合该状态的生物特征识别技术。

生物特征识别功能性筛选字典根据生物特征识别技术内部及外部特点综合考虑建立，主要由生物特征信息采集、应用功能与安全性3个维度组成，每一维度包含若干子因素。

1. 生物特征信息采集维度

这就是利用生物特征信息采集设备获取生物特征识别技术的过程。不同的生物特征识别技术在信息采集维度方面的区别主要体现在**采集距离**、**采集方式**与**采集环境**三个子因素中。

（1）**采集距离**。采集距离是采集生物特征信息时被采集者与采集设备之间的空间距离。根据距离远近可分为极近距离（0～5厘米）、近距离（5厘米～3米）、中距离（3～10米）、远距离（10米以上）四档。主流生物特征识别技术中指纹信息与指静脉信息只能在极近的距离中进行采集，虹膜信息与声纹信息可以在近距离甚至中距离进行采集，而人脸信息则具有最远的采集距离。

（2）**采集方式**。采集生物特征信息的方式，主要分为配合式与非配合式。配合式在采集过程中需要被采集者主动配合采集设备进行信息采集；非配合式在采集过程中无须被采集者进行配合，甚至无须让被采集者察觉。在主流生物特征识别技术中，仅有人脸识别可以在用户不配合的情况下进行应用，但识别的准确性会受到影响。

（3）**采集环境**。采集生物特征信息时被采集者所处的外部环境，包括但不限于光照、环境噪声、粉尘状态等。采集环境分为受控与非受控两种情况。受控环境是指在规定的环境中对生物特征信息进行采集，否则为非受控环境。在主流生物特征识别技术中，指纹识别与指静脉识别因为采集距离极近，因此不存在非受控环境问题。人脸识别、虹膜识别与声纹识别在非受控环境中具有可用性，但识别的准确性会受到较大的影响。

2. 应用功能维度

应用功能指生物特征识别技术在使用过程中具有的内在与外在功能特点。应用功能维度的区别主要体现在**应用类型**、**可信数据源**、**业务办理形式**、**并行性**四个方面。

（1）**应用类型**。生物特征识别技术应用的基础形式为辨认型生物特征识别与确认型生物特征识别，所有主流生物特征识别技术均支持这两类应用。近年来随着监控摄像头的普及，生物特征识别与动态视频相结合的需求越来越多，关注名单型识别应用成为重要的生物特征识别应用分支。目前，在主流生物特征识别技术中，仅人脸识别支持关注名单型应用。

（2）**可信数据源**。生物特征识别的本质是通过判断未知身份人与已知身份人的生物特征的相似程度来确认未知身份人的身份。已知身份人信息被称为可信数据。可信数据的可靠性是生物特征识别的基础。可信数据的获取途径主要包括单位自采集和国家机构提供。目前我国规定在办理第二代居民身份证时需要对人脸信息与指纹信息进行采集，这两类识别方式可以获得由国家背书的可信数据。

（3）**业务办理形式**。业务办理形式主要分为现场办理及远程网络办理。目前人脸信息采集设备与声纹信息采集设备具有广泛的普及性，摄像头与麦克风是目前智能移动设备的标准化配置，得益于此，人脸识别与声纹识别是最适于远程网络操作的生物特征识别技术，指纹识别次之。虹膜识别与指静脉识别受采集设备成本与普及率制约对网络应用的支持较弱。

（4）**并行性**。并行性指同时对多名目标进行生物特征识别的可能性。在主流生物特征识别技术中，人脸识别与虹膜识别具有最好的并行性，可以同时对多个目标进行身份识别；声纹识别受声纹混叠等因素影响，对并行性支持较弱；指纹识别与指静脉识别不具备并行性。

3. 安全性维度

防伪方式：生物特征识别技术的防伪方式主要包括**设备防伪**、**算法防伪**及**自属性防伪**三种形式。在主流生物特征技术中，指静脉识别自身具有防伪属性，人脸识别、指纹识别、虹膜识别可以通过设备及算法进行防伪，声纹识别主要通过算法进行防伪。

生物特征识别功能性筛选字典如表 11-1 所示（其中●代表支持，○代表弱支持，留空代表不支持）。

表 11-1　生物特征识别功能性筛选字典

维度	分类	子类	人脸识别	虹膜识别	声纹识别	指纹识别	指静脉识别
采集维度	采集距离	极近距离		●	●	●	●
		近距离	●	●	●		
		中距离	●	○	○		
		远距离	○				
	采集方式	配合式	●	●	●	●	●
		非配合式	●				
	采集环境	受控环境	●	●	●	●	●
		非受控环境	○	○	○	●	●
功能维度	可信数据源	自采集	●	●	●	●	●
		国家机构提供	●			●	
	应用类型	辨认型	●	●	●	●	●
		确认型	●	●	●	●	●
		关注名单型	●				
	业务办理形式	现场办理	●	●	●	●	●
		远程网络办理	●		●	○	
	并行性	单用户识别	●	●	●	●	●
		多用户识别	●	●			
安全维度	防伪方式	设备防伪	●			●	●
		算法防伪	●	●	●	●	●
		自属性防伪					●

11.1.3　选拔性筛选

当有多项生物特征识别技术在功能上满足符合性筛选时，需要通过选拔性筛选确定最优方案。本章采用将层次分析法与德尔菲专家打分法相结合的选拔性筛选方案对不同生物特征识别技术进行分析，判断不同生物特征识别技术对某一特定应用的适应性。

层次分析法（analytic hierarchy process，AHP）是美国运筹学家萨蒂（T.L.Saaty）教授于 20 世纪 70 年代提出的一种实用的多方案或多目标的决策方法，AHP 是将与决策总是有关的元素分解成目标、准则、方案等层次，并由此进行定性与定量分析的决策方法。AHP 把决策任务作为一个完整系统，通过分解、比较判断再综合的方法进行决策,是一种广泛使用的决策分析工具。AHP 中每一层的权重设置都会量化地影响最终决策结果,清晰、明确。该方法可以有效地对无机构特性或多目标、多准则、多时期的任务进行评价。

根据层次分析法的框架,选拔性筛选过程包括 3 个步骤:**建立层次结构模型**、**计算准则权值**、**计算各生物特征识别技术性得分**。

1. 建立层次结构模型

层次结构模型是在深入分析实际问题的基础上,将有关的各个准则按照不同属性自上而下地分解成若干层次,同一层的各准则从属于上一层的准则或对上层准则有影响,同时又支配下一层的准则或受到下层准则的作用。最上层为目标层,通常只有一个准则,最下层通常为方案或对象层,中间可以有一个或几个层次,通常为准则或指标层。

在选拔性筛选过程中,目标层 Z 为选择合适的生物特征识别技术;准则层 C 包含**生物特征信息采集**、**应用功能**、**安全性**与**系统性能** 4 个维度的 12 条准则;方案层 P 包含人脸识别、指纹识别、虹膜识别、指静脉识别、声纹识别 5 种方案。层次结构模型如图 11-2 所示。

其中每种生物特征识别技术对应 m 种准则($m = 12$),形成准则分数矩阵 A:

$$A = \begin{bmatrix} a_{11} & a_{12} & \cdots & a_{15} \\ a_{21} & a_{22} & \cdots & a_{25} \\ \vdots & \vdots & \vdots & \vdots \\ a_{m1} & a_{m2} & \cdots & a_{m5} \end{bmatrix}$$

准则分数矩阵数值根据生物特征识别技术内部及外部性能综合考虑确定,具体数值在生物特征识别准则分值表给出。分值表主要由**生物特征信息采集**、**应用功能**、**安全性**与**系统性能** 4 个维度组成,每一维度包含若干子准则。

(1)**生物特征信息采集维度**。不同的生物特征识别技术在信息采集维度性能的区别主要体现在**采集距离**、**用户体验**、**采集速度**、**采集设备成本**、**采集设备普及性**五个方面。

采集距离:采集生物特征信息时被采集者与采集设备之间的空间距离。采集距离越大,分值越高。在所有生物特征识别技术中,人脸识别具有最远的采集距离,声纹识别与虹膜识别次之,指静脉识别与指纹识别采集距离最短。

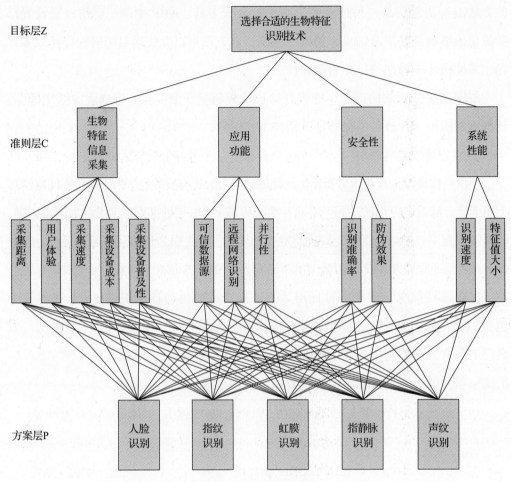

图 11-2 层次结构模型

用户体验：在采集生物特征信息过程中被采集者的感受，对被采集者约束越小体验感越好，该准则分数越高。人脸识别可以在非配合的情况下工作，具有最好的用户体验，虹膜识别次之。

采集速度：采集一次生物特征信息所需的时间，时间越短分值越高。人脸识别依靠非配合的采集模式具有最快的采集速度，虹膜识别、指纹识别、指静脉识别次之，声纹识别属于行为特征识别，需要录取一段音频，信息采集速度最慢。

采集设备成本：采集设备的价格，价格越低分值越高。人脸信息、指纹信息、声纹信息的采集设备具有最低的设备成本，指静脉信息采集成本最高。

采集设备普及性：采集设备的社会覆盖率，覆盖率越高分值越高。受益于智能手机的飞速发展以及摄像头的普及，人脸信息采集设备具有最高的普及率，声纹识别与指纹识别次之，指静脉识别与虹膜识别的采集设备普及率较低。

（2）**应用功能维度**。不同的生物特征识别技术在应用功能维度性能的区别主要体现在**可信数据源、远程网络识别、并行性**三个方面。

可信数据源：可信数据为用于确认未知人身份的已知身份人身份信息。可信数据来源权威性越高，该准则分数越高。我国规定在办理第二代居民身份证时需要对人脸信息与指纹信息进行采集，这两类识别方式具有最可靠的信息数据来源。

远程网络识别：对远程网络操作的支持程度，支持程度越高分数越高。受生物特征信息采集设备影响，人脸识别与声纹识别具有最高的远程网络支持度，指纹识别次之，虹膜识别与指静脉识别最差。

并行性：同时对多名目标进行生物特征识别的可能性。支持的并发数越多分数越高。在主流生物特征识别技术中，人脸识别与虹膜识别具有最好的并行性，可以同时对多个目标进行身份识别。

（3）**安全性维度**。不同的生物特征识别技术在安全性维度的区别主要体现在**识别准确率**与**防伪效果**两个方面。

识别准确率：生物特征识别技术的核心性能指标，由 FAR、FRR、ERR 等数据说明。在主流生物特征识别技术中，虹膜识别与指静脉识别具有最高的识别准确率，指纹识别、人脸识别与声纹识别略逊于前两者。

防伪效果：判断待识别人是否使用伪造生物特征信息的能力。在主流生物特征识别技术中，指静脉具有天然的防伪性，防伪效果最好，虹膜识别次之，人脸识别、指纹识别、声纹识别防伪性较差。

（4）**系统性能维度**。不同的生物特征识别技术在系统性能维度的区别主要体现在**识别速度**与**特征值大小**两个方面。

识别速度：生物特征识别技术的识别速度主要体现在特征提取速度与特征比对速度两方面。在主流生物特征识别技术中，声纹识别因为模型较大，所以处理速度较慢。

特征值大小：特征值是从生物特征信息中提取的用于描述该信息的数据。特征值大小为存储特征所需要的硬盘空间。虹膜识别与指纹识别的特征值占用空间最小，人脸识别、指静脉识别次之，声纹识别需占用较大的存储空间。

生物特征识别准则分值表如表 11-2 所示。

表 11-2　生物特征识别准则分值表

维度	分类	人脸识别	虹膜识别	声纹识别	指纹识别	指静脉识别
生物特征信息采集维度	采集距离	5	2.5	2.5	1	1
	用户体验	5	3	2	1	1
	采集速度	5	3	1	3	3
	采集设备成本	5	4	5	5	1
	采集设备普及性	5	2	4.5	4	1
应用功能维度	可信数据源	5	1	1	4.5	1
	远程网络识别	5	1	5	3	0
	并行性	5	3	1	0	0
安全性维度	识别准确率	4	5	3.5	4	5
	防伪效果	2	4	2	2	5
系统性能维度	识别速度	5	5	3	5	5
	特征值大小	4	5	2	5	4

2. 计算准则权值

不同业务对生物特征识别技术具有不同的要求，这些区别可以通过不同的准则权值进行体现。权值确定的方法众多，主要分为两类：**主观赋权评价法**和**客观赋权评价法**。其中主观赋权评价法是由专家根据经验进行主观判断确定权值，然后再对指标进行综合评价，常用的主观赋权评价法包括**德尔菲专家评分法**、**综合评分法**、**模糊评价法**、**指数加权法**等。该类方法通过专家经验判断各指标的相对重要性，操作简单，但其准确性对专家经验的依赖性较高。客观赋权评价法是根据指标之间的相关性或变异系数确定权值并进行综合评价，常用的客观赋权评价法包括**熵值法**、**神经网络分析法**、**变异系数法**等。该方法根据各指标所提供的初始信息量确定权值，具有较高的精确性，但需要的数据指标较多、计算量较大，且不易操作。

由实际情况考虑，选拔性筛选采用德尔菲专家评分法对准则权值进行计算，计算过程主要包括三个步骤：**填写准则重要性调查表**、**权值数据标准化（归一化）**、**计算权值**。

（1）**填写准则重要性调查表**。寻找该业务的专家，依据各准则对该业务的重要性填写准则重要性调查表，准则重要性调查表内准则项与生物特征识别准则分值表一致。生物特征识别准则重要性调查表如表 11-3 所示。

表 11-3 生物特征识别准则重要性调查表

维度	分类	说明	重要程度值（0～5）
生物特征信息采集维度	采集距离	被采集者与采集设备的距离，范围越大分值越高	
	用户体验	是否需要采集者配合，对采集者约束越小分值越高	
	采集速度	采集一次所需的时间，时间越短分值越高	
	采集设备成本	采集设备的价格，价格越低分值越高	
	采集设备普及性	采集设备的社会覆盖率，覆盖率越高分值越高	
应用功能维度	可信数据源	可信数据为用于确认未知人身份的已知身份人身份信息。可信数据来源权威性越高分值越高	
	远程网络识别	对远程网络操作支持度越高分值越高	
	并行性	可同时对多名用户进行操作，支持的并发数越多分值越高	
安全性维度	识别准确率	识别准确率越高分值越高	
	防伪效果	生物特征信息越难以冒充分值越高	
系统性能维度	识别速度	识别速度越快分值越高	
	特征值大小	特征值占用的存储空间，空间越小分值越高	

（2）**权值数据标准化（归一化）**。将不同专家填写的生物特征识别准则重要性调查表汇总，对各个指标的数据进行标准化处理。

对给定的 $m(m=12)$ 个指标，其中 x_{ij} 为第 n 个专家对第 i 个指标进行的打分。假设对各项指标数据标准化后的值为 y_{ij}，计算公式如下：

$$y_{ij} = \frac{x_{ij}}{\sum_{i=1}^{n} x_{ij}}$$

（3）**计算权值**。通过权值计算公式计算各指标的权重 $\boldsymbol{W} = \{w_1, w_2, \cdots, w_m\}$，计算公式如下：

$$W_i = \frac{1}{n} \sum_{i=1}^{n} y_{ij} \ (i=1, 2, \cdots, m)$$

3. 计算各生物特征识别技术性得分

每种生物特征识别方案的最终分数用 P 进行表示，$P = \{ p_1, p_2, \cdots, p_5 \}$，将上一步得到的权重向量 W 与准则分数矩阵 A 相乘得到不同生物特征技术对该业务的适应性分数，计算公式如下：

$$P = W \cdot A$$

对其进行降序排列，分数最高的生物特征识别技术为最适合该业务的识别方式。

11.2 生物特征识别技术算法评测

11.2.1 生物特征识别技术算法评测标准状态

算法性能是评价生物特征识别技术优劣性的重要指标。统一的算法评测标准有助于客观地判断不同算法之间的差异。在我国最早采用生物特征识别技术的安防行业已经建立起一套完整的生物特征识别算法评价体系，并颁布了相应的行业标准。其中指纹识别算法评测标准、指静脉算法评测标准、人脸识别算法评测标准正处于申请国家标准过程中。现有生物特征识别技术算法评测标准及相应状态如表 11-4 所示。

表 11-4 生物特征识别技术算法评测标准及相应状态列表

编号	名称	状态	备注
GA/T 894.6—2010	安防指纹识别应用系统 第 6 部分 指纹识别算法评测标准	已发布	行标
GA/T 939—2012	安防指静脉识别应用系统 算法评测方法	已发布	行标
GA/T 1208—2014	安防虹膜识别应用 算法评测标准	已发布	行标
GA/T 1179—2014	安防声纹识别应用 算法技术要求与评测方法	已发布	行标
—	公共安全指纹识别应用 算法评测方法	待发布	国标
—	公共安全 指静脉识别应用 算法评测方法	送审稿	国标
—	安全防范 人脸识别应用 验证算法性能评测方法	征求意见稿	国标

11.2.2 生物特征识别算法评测项目与过程

1. 测试过程

生物特征识别算法的测试分为两个阶段，第一阶段为特征文件库生成过程，第二阶段为算法性能参数测试过程。

2. 测试项目

生物特征识别算法测试的项目为**错误注册率、注册失败率、错误拒绝率、错误接受率、注册时间、比对时间、DET 曲线绘制、等错误率**。

（1）**错误注册率**。对非该生物特征的信息进行特征提取，统计提取特征成功的信息数。按下列公式计算：

$$错误注册率 = \frac{成功提取特征的非该生物特征信息的数量}{总的非该生物特征的信息数量} \times 100\%$$

（2）**注册失败率**。对该生物特征信息进行特征提取，统计提取特征失败的信息数。按下列公式计算：

$$注册失败率 = \frac{特征提取失败的该生物特征信息的数量}{总的该生物特征的信息数量} \times 100\%$$

（3）**错误拒绝率**。真实样本被系统拒绝的概率。按下列公式进行计算：

$$错误拒绝率 = \frac{被系统拒绝的真实测试样本数}{总的真实测试样本数} \times 100\%$$

（4）**错误接受率**。冒充者被系统接受的概率。按下列公式进行计算：

$$错误接受率 = \frac{被系统接受的冒充者测试样本数}{总的冒充者测试样本数} \times 100\%$$

（5）**注册时间**。计算机以单线程形式对一个生物特征信息进行特征提取所需的时间。按下列公式进行计算：

$$注册时间 = \frac{总注册时间}{总图像数量}$$

（6）**比对时间**。计算机以单线程形式计算一对生物特征模板进行相似度计算所需的时间

$$比对时间 = \frac{总比对时间}{总比对次数}$$

（7）**DET 曲线绘制**。以错误接受率为横坐标轴，以错误拒绝率为纵坐标轴，通过调整其参数得到的错误接受率与错误拒绝率之间关系的曲线图，为 DET 曲线，DET 曲线离原点越近系统性能越好。DET 曲线示意图如图 11-3 所示。

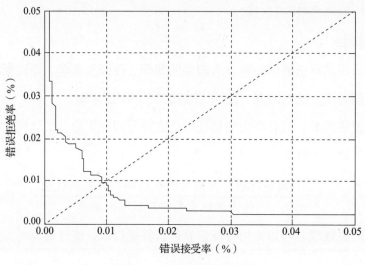

图 11-3　DET 曲线示意图

（8）**等错误率**。等错误率是在 DET 曲线上错误接受率与错误拒绝率相等时所对应的错误率取值。

3. 算法总体性能评价

错误注册率越低表明算法的防伪性能越好；在注册失败率相同的情况下，等错误率越低表明算法的综合准确性能越好；注册失败率越低表明算法将生物特征信息转为特征模板的适应性越强；在注册失败率和错误接受率相同的情况下，错误拒绝率越低表明算法的单项准确性越好；在注册失败率、错误接受率、错误拒绝率均相等的情况下，注册时间、比对时间越短表明算法的易用性越高。

第 12 章

系统实施框架

12.1　生物特征信息的采集

金融领域电子信息系统的搭建具有其自身特点与要求，在商业银行中搭建生物特征识别系统需要在满足生物特征识别技术特点的同时符合商业银行电子信息系统搭建的要求。如何有机地将两者融合是商业银行成功使用生物特征识别技术的关键。

生物特征识别是一个复杂的科学问题，从诞生到兴起的几十年中并没有形成统一的解决方案。研究人员从不同角度提出了各式的生物特征信息采集与识别方式，呈现出百花齐放的局面。由于在不同时刻、不同环境，处于不同姿态，使用不同设备采集到的生物特征信息存在一定的变化，特征比对又是基于概率与统计的科学，所以尽管生物特征识别的准确率很高，但在实际应用中仍存在不确定性。生物特征信息质量差异是这种不确定性的主要成因之一。若采集到的生物特征信息质量差异过大，生物特征识别算法将受到较大的限制，其准确性会大幅降低，为实际应用造成困难。因此对生物特征信息质量进行规范将直接影响采集设备的使用与算法的开发，对生物特征识别系统的开发具有重要意义。本章将重点讨论指纹图像质量规范、人脸图像质量规范、虹膜图像质量规范以及指静脉图像质量规范。

1. 指纹图像质量规范

指纹图像质量规范是对用于进行指纹识别的图像的要求，主要包括以下 12 项。

（1）**图像扫描方式**。指纹图像按照从左向右，从上到下的顺序进行扫描。

（2）**灰度等级**。指纹图像应为灰度图像，0 表示纯黑，255 表示纯白。每个像素点位深度应不小于 8 位，即图像中每个像素点灰度量化级应不小于 256 级。

（3）**分辨率等级**。指纹图像根据图像分辨率可以分为四个等级，一级最高，四级最低。在指纹图像中，每厘米的像素数目不得小于 98 个，分辨率等级如表 12-1 所示。

表 12-1　分辨率等级表

指纹图像级别	分辨率 R	
	像素 / 厘米（ppcm）	像素 / 英寸（ppi）
一级	394	1 000
二级	295	750
三级	197	500
四级	98	250

（4）**角度偏转量**。指纹方向与图像垂直方向的偏转角度应在 ±30° 范围以内。

（5）**位置偏移比**。指纹图像有效区域质心应靠近图像中心，位置偏移比应在 40% 以内，位置偏移比计算公式如下：

$$x_c = \frac{\sum_{(i,j) \in D} f(x)}{n}$$

$$y_c = \frac{\sum_{(i,j) \in D} f(y)}{n}$$

$$r_c = \sqrt{\frac{(x_c - x_o)^2 + (y_c - y_o)^2}{x_o^2 + y_o^2}} \times 100\%$$

式中，D 是有效区域；n 是有效区域像素总数目；x_c 是有效区域质心横坐标；y_c 是有效区域质心纵坐标；r_c 是位置偏移比；x_o 是整幅指纹图像中心的横坐标；y_o 是整幅指纹图像中心的纵坐标。

（6）**有效区域像素数目**。分辨率为 R（ppi）的指纹图像有效区域像素数目应不小于 $0.16R^2$。

（7）**完整性**。指纹图像应包括中心点，应避免采集过程中造成指纹图像残缺不全。

（8）**有效区域灰度均值**。指纹图像有效区域灰度均值应在 $50 \sim 200$ 级。

（9）**灰度动态范围**。指纹图像有效区域灰度动态范围至少应包含 150 个灰度级。

（10）**背景灰度均值**。指纹图像若包括背景区域，指纹图像背景灰度均值应在 $150 \sim 255$ 级。

（11）**背景均匀度**。指纹图像若包括背景区域，背景区域亮度要均匀，背景区域内相邻 9 个像素点的局部范围内灰度均值应在背景灰度均值 $\pm 15°$ 范围内波动。

（12）**脊线与谷线**。指纹图像中脊线与谷线应清晰、连续。

2.人脸图像质量规范

人脸图像质量规范是对用于进行人脸识别的图像的要求，包括入库标准人脸图像数据要求、待识别图像数据要求两部分。

（1）**入库标准人脸图像数据要求**。入库标准人脸图像数据为用于人脸识别的，已知身份人的图像数据，入库标准人脸图像数据要求包含以下六个方面。

1）**像素数**。在采集到的人脸图像中，左侧眼睛中心点和右侧眼睛中心点像素距离应不小于 60 像素，建议为 90 像素以上。其中像素距离为数字图像中的两点 P_1 和 P_2 之间的距离，用 Dop 表示，计算公式如下：

$$Dop(P_1, P_2) = \sqrt{(x_1 - x_2)^2 + (y_1 - y_2)^2}$$

式中，(x_1, y_1) 是 P_1 在图像中的像素坐标；(x_2, y_2) 是 P_2 在图像中的像素坐标。

2）**姿态角度**。姿态角度指图像中人脸与摄像头之间的角度，包括偏转角、俯仰角以及倾斜角。其中偏转角不超过 $\pm 10°$，俯仰角不超过 $\pm 10°$，倾斜角不超过 $\pm 10°$。姿态角度定义图如图 12-1 所示。

偏转角：绕着 Y 轴旋转的角度，如图 12-1 所示。正面人脸具有 $0°$ 的偏转角。正角代表人脸朝着他们左方（绕 y 轴逆时针旋转）看。

俯仰角：俯绕着 X 轴旋转的角度，如图 12-1 所示。正面人脸具有 $0°$ 的俯仰角。正的度数代表人脸往下（绕 x 轴逆时针旋转）看。

倾斜角：绕着 Z 轴（水平方向从后到前的轴）旋转的角度，如图 12-1 所示。正面图像具有 0° 的倾斜角。正的角度代表人脸向他们的右肩倾斜（绕 Z 轴逆时针旋转）。

如图 12-1 所示，这些角是相对于视角为（0,0,0）的人脸的正面视图而言的。不同姿态人脸的姿态角坐标表示为（Y, P, R）。

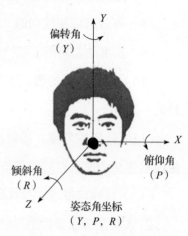

图 12-1　姿态角度定义图

3）**表情**。神态自然，两眼自然睁开。

4）**饰物**。佩戴饰物不得遮挡眼睛和脸部区域。

5）**眼睛**。眼睛的瞳孔和虹膜可见。禁止戴墨镜，眼镜框不得遮挡眼睛，镜片不反光。若戴粗框眼镜入库，建议入两张图像，一张戴粗框眼镜，一张不戴眼镜。

6）**脸部区域**。脸部区域完整、轮廓清晰、人脸长宽比例不失真，光线均匀且无阴影。

（2）**待识别图像数据要求**。待识别图像数据为未知身份人的图像数据，待识别图像数据要求包括以下两方面。

1）**分辨率**。图像中左侧眼睛中心点和右侧眼睛中心点像素距离不小于 60 像素，建议为 90 像素以上。

2）**姿态角度**。偏转角不超过 ±45°，俯仰角不超过 ±30°，倾斜角不超过 ±45°。

3. 虹膜图像质量规范

虹膜图像质量规范是对用于进行虹膜识别的图像的要求，主要包括以下 11 项。

（1）**图像扫描方式**。如图 12-2 所示，虹膜图像左上角定点定义为坐标原点（0，0），X 轴方向从左至右，Y 轴方向从上至下。虹膜图像按从左至右，从上至下的方式顺序扫描。

（2）**图像采集方式**。视线方向宜与摄像机光轴方向平行，两眼连线方向宜与图像 X 轴方向平行。

（3）**灰度等级**。虹膜图像应为灰度图像，0 表示纯黑，255 表示纯白。每个像素点位深度应不小于 8 位，即图像中每个像素点灰度量化级应不小于 256 级。

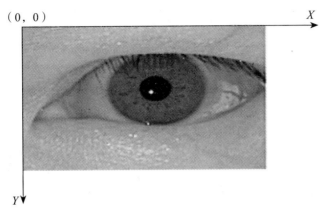

图 12-2   虹膜图像扫描方式示意图

（4）**灰度等级利用率**。使用图像灰度直方图的信息熵来衡量灰度等级利用率，单位为比特。虹膜图像的灰度等级利用率应不小于 6 比特。灰度等级利用率计算公式如下：

$$g_u = -\sum_{i \in \{i : p_i \neq 0\}} p_i \log_2 p_i$$

式中，g_u 是灰度等级利用率；p_i 是图像中灰度为 i 的像素点个数除以图像总的像素点个数。

注：图像灰度直方图分布越均匀，图像富含的信息量越高，灰度等级利用率越高。

（5）**虹膜半径**。虹膜外边界拟合圆的半径，应不小于 80 个像素。

（6）**瞳孔伸缩率**。瞳孔伸缩率应大于 20% 且小于 70%。瞳孔收缩率计算公式如下：

$$R_{pi} = \frac{r_p}{r_i} \times 100\%$$

式中，R_{pi} 是瞳孔伸缩率；r_p 是瞳孔半径；r_i 是虹膜半径。

（7）**虹膜与巩膜对比度**。虹膜与巩膜对比度应不小于 5%。

设定：区域 A 是以虹膜中心为圆心、内圆半径等于 1.1 r_j、外圆半径等于 1.2 r_j 的环形区域；区域 B 是以虹膜中心为圆心、内圆半径等于 $r_j + r_p$ /2、外圆半径等于 0.9 r_j 的环形区域；区域 C 是以瞳孔中心为圆心、半径等于 0.8 的圆形区域；区域 D 是以瞳孔中心为圆心、内圆半径等于 1.1 r_p，外圆半径等于 $r_j + r_p$ /2 的环形区域。

虹膜与巩膜对比度计算公式如下：

$$ct_{is} = \begin{cases} 0 & v_p \geq v_{ia} \ \text{或} \ v_p \geq v_s \\ \dfrac{|v_s - v_{ia}|}{v_s + v_{ia} - 2 \times v_p} \times 100\% & \text{其他} \end{cases}$$

式中，ct_{is} 是虹膜与巩膜对比度；v_s 是区域 A 内未被眼皮、睫毛和光斑等非虹膜物体遮挡的像素点灰度中值；v_{ia} 是区域 B 内未被眼皮、睫毛和光斑等非虹膜物体遮挡的像素点灰度中值；v_p 是区域 C 内未被眼皮、睫毛和光斑等非虹膜物体遮挡的像素点灰度中值。

（8）**虹膜与瞳孔对比度**。虹膜与瞳孔对比度应不小于 30%。虹膜与瞳孔对比度公式如下：

$$ct_{ip} = \frac{w}{0.75 + w} \times 100\%$$

$$w = \frac{|v_{ib} - v_p|}{20 + v_p}$$

式中，ct_{ip} 是虹膜与瞳孔对比度；v_p 是区域 C 内未被眼皮、睫毛和光斑等非虹膜物体遮挡的像素点灰度中值；v_{ib} 是区域 D 内未被眼皮、睫毛和光斑等非虹膜物体遮挡的像素点灰度中值。

（9）**虹膜有效区域占比**。虹膜有效区域占比应大于 50%。按下式计算虹膜有效区域占比：

$$A_u = \frac{N_{vaild}}{N_{iris}} \times 100\%$$

式中，A_u 是有效虹膜区域占比；N_{iris} 是虹膜环形区域的像素点个数，虹膜环形区域由虹膜内边界拟合圆和外边界拟合圆确定；N_{vaild} 是虹膜环形区域中，未被眼皮、睫毛和光斑遮挡的有效虹膜像素个数。

（10）**边界裕量**。虹膜外边界的拟合圆到图像上边界、下边界、左边界和右边界的距离应分别大于 0.2 r_j、0.2 r_j、0.6 r_j 和 0.6 r_j。

（11）**清晰度**。虹膜图像中的虹膜纹理应清晰。

4. 指静脉图像质量规范

指静脉图像质量规范是对用于进行指静脉识别的图像的要求，主要包括以下 5 项。

（1）**图像扫描方式**。手指位置方向坐标按图 12-3 所示，原点位置不做规定，X 轴方向为指根到指尖，Z 轴方向为指腹到指背，Y 轴垂直于 XZ 平面（XYZ 方向满足右手定律）。指静脉图像按从左到右，从上至下次序扫描，左上角顶点定义为图像坐标原点（0，0），X 轴方向从左到右，Y 轴方向从上到下。

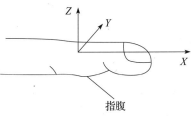

图 12-3　手指位置方向坐标图

（2）**像素数**。长度（X 方向）像素数不小于 300，宽度（Y 方向）像素数不小于 100。

（3）**灰度**。指静脉图像应为灰度图像，0 表示纯黑，255 表示纯白。每个像素点位深度应不小于 8 位，即图像中每个像素点灰度量化级应不小于 256 级。

（4）**灰度动态范围**。指静脉图像有效区域灰度动态范围至少应包含 128 个灰度级。

（5）**分辨率**。长度（X 方向）与宽度（Y 方向）分辨率均应不小于 300ppi。

12.2　客户生物特征信息平台

12.2.1　典型系统框架

金融领域根据自身业务需求，建设统一生物特征识别信息处理平台。按特征值存储方式与验证方式一般分为："服务端集中式验证架构"与"客户端分散式验证架构"。特征值存储与验证动作在后端系统的为"服务端集中式验证架构"；系统存储与验证在客户端的为"客户端分散式验证架构"。

1. 服务端集中式验证架构

图 12-4 从金融行业的渠道＋场景、统一生物特征信息处理平台、生物特征识别引擎的维度对服务端集中式验证架构进行了整体勾画，对于金融行业的生物特征识别应用具有普遍适用性和代表性。该架构由平台对各类生物特征识别引擎进行统一管理并对外提供统一的生物特征识别服务接口。各渠道根据不同的需求与业务场景，调用相应的接口来完成生物特征识别功能。

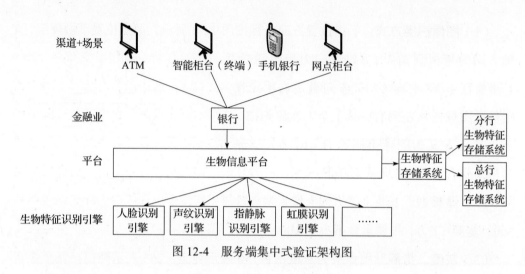

图 12-4 服务端集中式验证架构图

这类架构的特点是可对多生物特征识别引擎进行管理，可对客户的多维度生物特征进行管理，可面向多渠道提供服务，且具备可扩展性。

以人脸识别功能为例，对于分行特色类的交易可以考虑将比对图片放入"分行生物特征存储系统"存储，对于全行类的渠道交易则可将交易图片放入"总行生物特征存储系统"存储，这样便可以提高图片的保存和读取的效率。其他模式的生物特征识别手段也都可以参照该模式，对特征值的保存与读取进行分流，以尽量提高整个系统的运行效率。

2. 客户端分散式验证架构

客户端分散式验证架构是将同类特征值存储、比对验证的动作都放在客户端系统来进行。该架构的形式比较简单，但对客户端设备的安全性要求较高（完全依赖于设备的安全性）。在"静脉识别支付手表"的应用中，静脉特征值就存储在专门的安全芯片中。

特征值保存在静脉支付手表端的安全芯片中，且比对动作也在手表端完成。主要流程包括：①静脉识别通过后，付款设备通过 NFC 读卡；②付款设备调用后端的银行系统发起扣款请求。

具体功能及业务流程介绍如图 12-5 所示。

图 12-5 基于静脉识别的支付手表原型

3. 两种架构的选择

"服务端集中式验证架构"与"客户端分散式验证架构"本身并无优劣之分，其选择完全因业务场景的需要与技术匹配程度而决定。一般来说，对于大型机构来说，生物特征识别技术应用于多个应用系统、多种不同场景的复杂情况，可以考虑采用服务端集中式验证架构，便于安全体系的集约式建设、资源共享和有关信息的安全控制。这类架构要考虑多种因素，较为复杂，建设成本相对较高，建设周期相对较长。而对于规模较小的机构来说，生物特征识别技术应用于较为独立的应用系统和相对单一的应用场景，则可以考虑采用客户端分散式验证架构。这类架构较为简单，建设成本较低，便于快速建设、早见成效。

12.2.2　统一生物特征信息处理平台

1. 统一生物特征信息处理平台架构

因系统需要面向多业务渠道提供服务，需具备多维度生物特征能力与可扩展的能力，故金融行业常选择"服务端集中式验证架构"的统一生物特征信息处理平台。

中国银行基于后端集中验证的模式，自主研发了"统一生物特征信息处理平台"（见图 12-6），定位于全行客户生物特征的统一鉴别平台，集人脸、声纹等生物特征信息管理和特征鉴别功能于一身，同时具有识别规则管理、生物鉴别适配、生物特征鉴别引擎管理等功能，能够为智能柜台、手机银行、ATM 渠道的生物特征识别应用提供稳定、有效、可靠的鉴别支持。

平台主要由以下六个部分组成。

平台管理模块：提供用户管理、参数管理、平台日志、比对日志、日志分析、平台状态管理、服务资源监控、阈值设置等功能。

平台内部服务模块：用于完成日志转历史、日志分析、图像清理、数据库备份、缓存清理等功能。

平台对外服务模块：在平台内部，所有的识别方式及服务采用分布式微服务框架（如 DUBBO 框架）实现。所有对统一生物特征信息处理平台的访问通过该模块接入。此外，提供从影像平台批量下载本平台原始生物特征信息到本地及清理本地生物特征信息功能，以方便算法供应商通过统一生物特征信息处理平台对识别算法进行更新与训练。

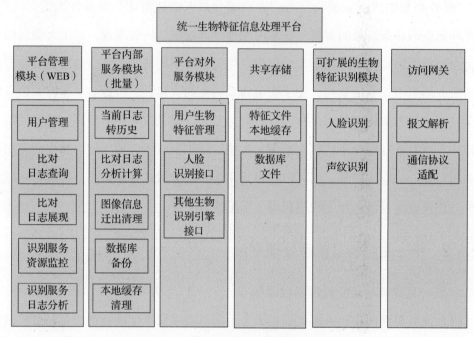

图 12-6   统一生物特征信息处理平台

共享存储：用于存储生物特征信息及数据文件。信息数据库，以三要素为主线，关联起同一个实体所有可能的生物特征识别信息，数据库设计应满足平台所需的报表、监控等功能，同时还应提供数据库的清理和备份功能。

可扩展的生物特征识别模块：用于提供生物特征识别算法，现阶段平台支持人脸、声纹两种识别模式，后续根据需要将扩充其他生物特征识别方式。

访问网关：平台独立部署接入网关模块，以适应不同的接入需求。

同时，在统一生物特征信息处理平台的设计搭建中，遵循以下 5 个要点。

（1）**可用性**。平台可支持 7 天 ×24 小时的对外服务，所有模块均为高可用集群，保证在单点故障时不影响服务的连续性。根据不同的模块类型，可采用一主一备的方式，或使用分布式应用程序协调服务（如 zookeeper）搭建分布式集群。

（2）**数据存储**。围绕客户三要素（证件类型、证件号、姓名）来建立客户生物特征信息数据库，存储客户多维度的生物特征信息。对于前端采集的原始图像、声音等文件，存放于本地共享存储，仅作为缓存使用于当日比对交易，且有批量清理机制；同时留存一份于行内的影像平台系统，作为后续的图像调阅、生物特征模型训练使用。

（3）**安全性**。系统级敏感信息，例如管理员登录密码、数据库密码等，应采用合规的加密算法进行加密存储；客户的敏感信息，例如照片、音频信息，应采用端到端加密，客户端需使用 HTTPS 方式进行加密传输，平台采用合规的加密算法进行加密存储。

平台管理模块面向行内管理人员、应用维护人员，应具备完善的用户身份鉴别机制、用户权限分配机制、访问控制机制等，保证管理端的安全访问。

平台提供的生物特征识别认证等服务，应具备交易的可追溯性，具体表现为：应按照相应的日志规范，记录完善的交易流水日志、安全审计日志等，并提供相应的日志备份与清理机制。

（4）**可扩展性**。平台应具备可扩展性，包括各模块节点服务器资源的横向扩展，支持多种生物特征识别引擎的接入扩展，在目前的总行集中部署模式基础上支持分行部署模式。

（5）**全球化**。对于大型银行来说，在满足国内的应用外，还要考虑日后面对全球化服务的问题，如对多语言、多时区的支持，以及文件的存储（集中 / 分散）、访问等性能的优化问题。

统一生物特征信息处理平台的成功搭建，标志着中国银行具备了满足不同渠道、不同应用场景下的生物特征识别需求的能力。该平台有效地为智能终端、移动终端、智能机器人等场景提供了生物特征识别认证服务。

以手机银行电子账户关联为例，一种典型的渠道与统一生物特征信息处理平台的业务交互时序，如图 12-7 所示。

用户使用手机端发起电子账户关联申请，手机端进入到人脸识别画面，需要用户完成活体检测，检测成功后上传用户图像到生物特征存储系统。

生物特征存储系统用于存储用户的图像信息，存储后返回图像编号给手机端接入系统，手机端接入系统上送图像编号和用户信息到统一生物特征信息处理平台。

统一生物特征信息处理平台通过用户信息和用户图像编号从生物特征存储系统中获取用户图像和二代证预留图像，对两张图像进行比对，生成比对结果后，返回给手机端接入系统。

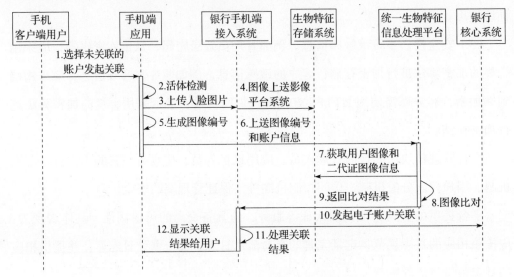

图 12-7   手机银行电子账户关联时序图

手机端接入系统根据用户人脸图像和二代证预留图像比对结果，向银行核心系统发起电子账户关联申请，完成电子账户关联。

在以上的典型业务场景中，采用人脸识别对客户的身份进行辅助认证，而识别的过程是交由统一生物特征信息处理平台来完成，即采用了服务端集中验证方式。

2. 人脸识别引擎

此处选取最典型的，且在金融业内应用最广泛的人脸识别模式为例进行说明。例如，在线下的智能柜台、柜面、ATM、智能机器人等实际业务场景中需要对客户的人、证合一性进行验证、客户身份识别。

在服务端集中式验证框架中，生物特征识别引擎层通常为采购多个外部厂商的核心算法引擎搭建而成。以人脸识别引擎（其架构如图 12-8 所示）为例，它是提供人脸检测、人脸特征相似度比对（1：1、1：N）、人脸特征建模、活体检测等核心技术的服务平台。人脸识别引擎应具备以下特点：

（1）**先进性**。采用业界领先的人脸识别算法，拥有多项独家专利技术。

（2）**可靠性**。选取合适的配置方案，使整个系统稳定、高效、可靠、低成本运行；提供完善的照片比对功能，比对准确率高、误识率低、高并发下性能优。

（3）**易用性**。提供基于 C 语言、JAVA 语言、COM 组件等方式的访问接口，以适应不同类型的系统调用。

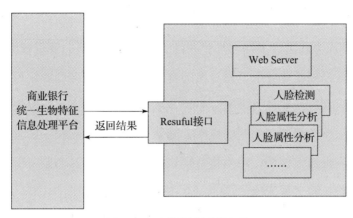

图 12-8   人脸识别引擎架构

（4）**扩展性**。应预留功能扩展接口，可根据用户要求进行个性化定制，并结合相关的国际标准或工业标准执行。

（5）**安全性**。具备有效的活体检测、防视频攻击的手段；具有信息保护功能，有效地杜绝网络病毒、信息窃取与黑客攻击。

（6）**识别率特性**。表 12-2 描述了人脸识别引擎误识率分别在 1/100、1/1000、1/10 000、1/100 000 情况下识别率与相应阈值的情况，为引擎的识别精度。在统一生物特征信息处理平台中对各渠道场景进行阈值设置时，也要在此表的范围内。对于阈值设置建议如下：不同的场景设置不同的阈值；对于智能柜台、柜面前端等银行网点内有人值守的场景，设置一个相对低的阈值，以保证相对高的通过率，提高这类场景下的客户体验；对于移动场景，设置一个相对高的阈值，以保证其交易的安全性。

表 12-2   人脸识别引擎识别率性能特性举例

误识率	识别率	阈值
0.01× ×××	0.9××	0.6×× ×××
0.001 ×××	0.9××	0.7×× ×××
0.000 1××	0.9×××	0.8×× ×××
0.000 01×	0.9××	0.8×× ×××

12.2.3   应用场景实践

1. 柜面认证场景

中华人民共和国第二代居民身份证简称二代证，是我国成年公民的法定身份证件。二代证凭借其唯一性、广泛性、可靠性、不可仿制性（核心芯片）与可读性（通过 RFID 芯片）成为我国诸多特种行业进行实名制身份认证、身份核验的重要依据。

核对二代证以判断业务申请人身份的合法性是目前诸多商业银行业务办理过程中的必备环节。在传统业务办理流程中，该步骤主要通过人工核验完成，存在一定的因人为因素误判、漏判、错判的概率。随着生物特征识别技术的发展与成熟，以及二代证的全国性覆盖使用，将生物特征识别技术应用于实名制身份核验、完善与发展现有的身份核验过程变成了可能。

根据生物特征识别筛选方法，对基于二代证的人证合一身份核验系统进行生物特征识别模式选择，填写如表 12-3 所示的"生物特征识别功能性筛选字典"以确定哪种生物特征识别技术适用于该系统。

表 12-3　生物特征识别功能性筛选字典

维度	分类	子类	选项	人脸识别	虹膜识别	声纹识别	指纹识别	指静脉识别
采集维度	采集距离	极近距离			●	●	●	●
		近距离	√	●	●	●		
		中距离		●	○	○		
		远距离		○				
	采集方式	配合式		●	●	●	●	●
		非配合式	√	●				
	采集环境	受控环境	√	●	●	●	●	●
		非受控环境	○	○	○	○	●	●
功能维度	可信数据源	自采集		●	●	●	●	●
		国家机构提供	√	●			●	
	应用类型	辨认型		●	●			●
		确认型	√	●	●	●	●	●
		关注名单型		●				
	业务办理形式	现场办理	√	●	●	●	●	●
		远程网络办理		●		●	○	
	并行性	单用户识别	√	●	●	●	●	●
		多用户识别		●	●			
安全维度	防伪方式	设备防伪		●	●		●	●
		算法防伪		●	●	●	●	●
		自属性防伪						●

　　根据"生物特征识别功能性筛选字典"可知人脸识别技术是唯一适于该系统的生物特征识别技术，因此该系统采用人脸识别作为技术实施方案。

　　该方案使用二代证 RFID 芯片中存储的人脸图像作为核验基准图像与持证人人脸进行人脸确认，以判断其身份是否具有同一性，进而确认持证人身份。

　　（1）**业务流程设计**。在实际使用过程中，认证服务器以柜员使用二代证读卡器获取二代证信息为触发，向图像采集设备发起采集请求。图像采集设备在收到采集请求后采集现场视频信息，并将视频信息返回认证服务器。认证服务器对收到的视频信息进行人脸检测、人脸质量判断、人脸定位、人脸特征提取与人脸确认等操作，并将确认结果返回给柜员。柜员根据确认结果进行后继业务处理。这种业务的交互时序图如图 12-9 所示。

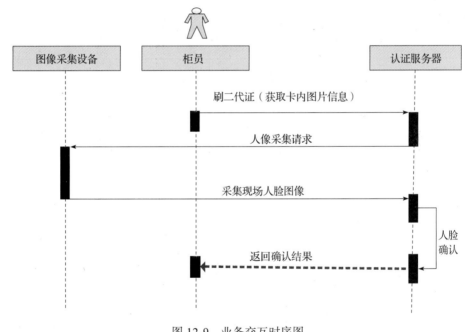

图 12-9　业务交互时序图

　　（2）**系统试点应用情况**。该系统在某支行试点运行。在实际运行中，柜员可利用该系统在 3～4 秒内完成对客户的实名制认证，系统操作流程简单，识别速度快、精度高，且可以摆脱对联网核查的依赖，有效地提升核验效率，并摆脱对人工操作的依赖。试点情况如表 12-4 所示。

　　1）**网点一**：部署了两台在现金柜台，主要是辅助柜员进行身份验证，并不是作为唯一的身份验证标准，两台设备总计日交易量 512 人次，100% 通过验证的数据量为 464 人次，高阈值验证通过率 90.63%，日均交易量 15.05 人次。

2）网点二：部署了一台在现金柜台，一台在智能柜台，也是辅助柜员进行身份验证，辨别用户是否为其本人。现金柜台总计日交易量 97 人次，100% 通过验证的数据量为 85 人次，高阈值验证通过率 87.63%，日均交易量 4.04 人次；智能柜台总计日交易量 534 人次，100% 通过验证的数据量为 505 人次，高阈值验证通过率 94.57%，日均交易量 12.7 人次。

表 12-4 网点试点数据分析

网点	交易渠道							
	现金柜台				智能柜台			
	日交易总量（人次）	验证可靠百分百数据（人次）	高阈值验证通过率（%）	日均交易量（人次）	日交易总量（人次）	验证可靠百分百数据（人次）	高阈值验证通过率（%）	日均交易量（人次）
分行营业部	512	464	90.63	15.05				
桃园路支行	97	85	87.63	4.04	534	505	94.57	12.7

2. 智能柜台场景

智能柜台是有别于传统自助渠道和物理柜台的新型业态。智能柜台采用客户自助＋柜员协助的交易模式，借助科技的力量，将柜台耗时长、频次高、风险大的业务迁移到机具设备上。通过客户自助办理业务，提升客户吞吐能力，缩短客户等待时间，让客户满意。同时将柜员从柜台解放出来，从隔着防弹玻璃服务，变为在客户身边，从一对一的服务瓶颈，到一对多的审核枢纽。

目前在智能柜台业务场景中，客户身份真实性核验主要依靠人工对客户外貌与联网核查照片信息进行判断，存在误判的可能性。同时，柜员操作真实性、合规性、准确性依赖于核准人员的风险敏感度和业务责任心，存在一定的风险敞口。采用生物特征识别技术进行身份核验可以有效地降低人工风险，提高核验效率。

根据生物特征识别筛选方法，对智能柜台场景进行生物特征识别模式选择，填写如表 12-5 所示的"生物特征识别功能性筛选字典"以确定哪种生物特征识别技术适用于该系统。

表 12-5　生物特征识别功能性筛选字典

维度	分类	子类	选项	人脸识别	虹膜识别	声纹识别	指纹识别	指静脉识别
采集维度	采集距离	极近距离			●	●	●	●
		近距离	√	●	●	●		
		中距离		●	○	○		
		远距离	○					
	采集方式	配合式	√	●	●	●	●	●
		非配合式		●				
	采集环境	受控环境	√	●	●	●	●	●
		非受控环境	○	●	○	○	●	●
功能维度	可信数据源	自采集		●	●	●	●	●
		国家机构提供	√	●			●	
	应用类型	辨认型		●	●	●	●	●
		确认型	√	●	●	●	●	●
		关注名单型		●				
	业务办理形式	现场办理	√	●	●	●	●	●
		远程网络办理		●		●	○	
	并行性	单用户识别	√	●	●	●	●	●
		多用户识别		●	●			
安全维度	防伪方式	设备防伪		●	●	●	●	●
		算法防伪	√	●	●	●	●	●
		自属性防伪						●

根据"生物特征识别功能性筛选字典"可知人脸识别技术是适合该系统的生物特征识别技术，因此该系统采用人脸识别作为技术实施方案。智能柜台身份核验场景中的人脸识别流程设计如下所示。

（1）智能柜台对客服务终端负责现场采集客户人脸图像，并进行活体检测；同时采集客户的证件照片，将上述照片文件上传至生物特征存储系统，并将图片信息与客户信息传至统一生物特征信息处理平台。

（2）统一生物特征信息处理平台接收并处理智能柜台发来的人脸比对请求，从生物特征存储系统下载需要比对的照片，将客户现场照片与证件照片进行比对，将结果返回给业务经理使用的 Pad 客户端。

（3）Pad 客户端展示人脸比对的结果，业务经理根据返回结果判断客户身份是否具有同一性，进而实现身份确认。其中业务经理二次确认、审核的系统界面如图 12-10 所示。

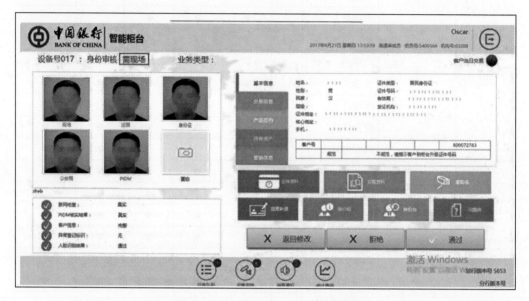

图 12-10　客户代表 Pad App 系统界面

同时，智能柜台后台运维服务具备如下功能：人脸识别功能、活体检测的参数控制，可动态开启或关闭某个网点、某项业务的人脸识别功能、活体检测功能。

3. 移动终端场景

移动终端场景即在移动端实现银行业务的办理，也是俗称的移动银行（mobile banking service）或手机银行，是利用移动通信网络及终端办理相关银行业务的应用场景。作为一种结合了货币电子化与移动通信的崭新服务，移动银行业务不仅可以使人们在任何时间、任何地点处理多种金融业务，而且极大地丰富了银行服务的内涵，使银行能以便利、高效的方式为客户提供传统和创新的服务。

目前在移动终端场景应用中的客户身份真实性核验主要依靠密码进行判断，操作流程相对烦琐，用户体验感较差，且存在遗忘、冒用、借用的可能。采用生物特征识别技术进行身份核验可以有效地提高用户体验，降低冒用、借用的可能性。

根据生物特征识别筛选方法，对移动终端场景进行生物特征识别模式选择，填写如表 12-6 所示的"生物特征识别功能性筛选字典"以确定哪种生物特征识别技术适用于该系统。

表 12-6　生物特征识别功能性筛选字典

维度	分类	子类	选项	人脸识别	虹膜识别	声纹识别	指纹识别	指静脉识别
采集维度	采集距离	极近距离			●	●	●	●
		近距离	√	●	●	●		
		中距离		●	○	○		
		远距离	○					
	采集方式	配合式	√	●	●	●	●	●
		非配合式		●				
	采集环境	受控环境		●	●	●	●	●
		非受控环境	√	○	○	○	●	●
功能维度	可信数据源	自采集	√	●	●	●	●	●
		国家机构提供		●			●	
	应用类型	辨认型		●	●	●	●	●
		确认型	√	●	●	●	●	●
		关注名单型		●				
	业务办理形式	现场办理		●	●	●	●	●
		远程网络办理	√			●	○	
	并行性	单用户识别	√	●	●	●	●	●
		多用户识别		●	●			
安全维度	防伪方式	设备防伪		●	●		●	●
		算法防伪	√	●	●	●	●	●
		自属性防伪						●

根据"生物特征识别功能性筛选字典"可知人脸识别技术与声纹识别技术是适合该系统的生物特征识别技术。为了区分哪种生物特征识别技术更适于移动终端场景，我们使用选拔性筛选方式对人脸识别与声纹识别进行比较。

（1）填写准则重要性调查表。邀请三名产品经理填写准则重要性调查表，数值汇总如表 12-7 所示。

表 12-7　生物特征识别准则重要性调查表

维度	指标	甲	乙	丙
生物特征信息采集维度	采集距离	4	3	3
	用户体验	5	4	5
	采集速度	5	4	4

（续）

维度	指标	甲	乙	丙
生物特征信息采集维度	采集设备成本	5	4	3
	采集设备普及性	5	4	4
应用功能维度	可信数据源	5	4	4
	远程网络办理	5	3	5
	并行性	5	4	4
安全性维度	识别准确率	5	4	5
	防伪效果	5	3	4
系统性能维度	识别速度	5	4	5
	特征值大小	4	5	4

（2）**权值数据标准化（归一化）**。对给定的 m（$m=12$）个指标和 n（$n=3$）个专家，x_{ij} 为第 j 个专家对第 i 个指标的打分。

计算得出：

$$X = \begin{bmatrix} 4 & 3 & 3 \\ 5 & 4 & 5 \\ \vdots & \vdots & \vdots \\ 4 & 5 & 4 \end{bmatrix}$$

假设对各项指标数据标准化后的值为 y_{ij}，计算公式如下：

$$y_{ij} = \frac{x_{ij}}{\sum_{i=1}^{n} x_{ij}}$$

计算得出：

$$Y = \begin{bmatrix} 0.069 & 0.065 & 0.06 \\ 0.086 & 0.087 & 0.1 \\ \vdots & \vdots & \vdots \\ 0.069 & 0.11 & 0.08 \end{bmatrix}$$

（3）**计算权值**。通过权值计算公式计算各指标的权重 $W = \{w, w_2, \cdots, w_m\}$，计算公式如下：

$$W_i = \frac{1}{n} \sum_{i=1}^{n} y_{ij} \quad (i = 1, 2, \cdots, m)$$

计算得出：

$$W = [0.065\ 0.091\ \cdots\ 0.086]$$

（4）**计算得分**。每种生物特征识别方案的最终分数用 P 进行表示，

计算得出：

$$P = [0.065\ 0.091\ \cdots\ 0.086] \times \begin{bmatrix} 5 & 2.5 \\ 5 & 2 \\ \vdots & \vdots \\ 4 & 2 \end{bmatrix} = [4.59\quad 2.7]$$

运用评测体系计算出人脸、声纹识别的得分分别为 4.59、2.7，故对于移动终端的业务场景，人脸识别优于声纹识别，符合以人脸识别为主、声纹识别为辅的实际实施过程。

身份认证过程以人脸识别为主，以声纹识别为辅，用户填写个人身份信息后方可进行，为保证人脸识别的真实性，需完成活体检测。具体流程如下所示。

填写证件信息：用户可通过键盘输入身份信息，为了提升效率，也可选择拍照识别，即 OCR 识别，OCR 识别运用图像识别技术将证件图片中的有效信息提取出来，此过程为离线进行，快捷准确。

声纹识别：用户只需读取后台返回的一串数字即可完成声纹识别，当然，用户第一次使用时需先完成声纹预留，声纹预留过程与声纹识别类似。

活体检测：为防止作弊，用户需连续完成张嘴、眨眼、点头、摇头中的三个随机动作，通过肤色、环境等信息可判断是否为真人操作，通过动作的连续性可杜绝用视频模拟过关，通过防屏幕翻拍检测等算法可杜绝用视频模拟过关。

人脸识别：活体检测过程中会抓取用户的一系列头像信息，活体检测通过后，会从中选择一张最优的人脸图片上传到后台系统用来进行人脸识别，该方法可保证活体检测与人脸识别是一人进行。

4. 智能机器人场景

如何有效地预先识别用户身份，根据用户身份判断用户类型并提供相应的针对性服务，进而提高用户体验及服务效率是商业银行营业点工作人员较为迫切的需求。目前，营业网点只能通过取号机刷卡的方式对用户进行辨认。该方法无法预先获取用户身份信息并提供相应的服务，用户体验差且留给工作人员的响应时间较

短，不利于进行精准营销。

使用生物特征识别技术可以在用户未察觉的情况下远距离对用户身份进行辨认，能有效地提高用户体验，并留给工作人员足够的服务响应时间。

根据生物特征识别筛选方法，对智能机器人场景进行生物特征识别模式选择，填写如表 12-8 所示的"生物特征识别功能性筛选字典"以确定哪种生物特征识别技术适用于该系统。

表 12-8　生物特征识别功能性筛选字典

维度	分类	子类	选项	人脸识别	虹膜识别	声纹识别	指纹识别	指静脉识别
采集维度	采集距离	极近距离			●	●	●	●
		近距离		●	●	●		
		中距离	√	●	○	○		
		远距离		○				
	采集方式	配合式		●	●	●	●	●
		非配合式	√	●				
	采集环境	受控环境		●	●	●	●	●
		非受控环境	√	○	○	○	●	●
功能维度	可信数据源	自采集	√	●	●	●	●	●
		国家机构提供		●			●	
	应用类型	辨认型		●	●	●	●	●
		确认型		●	●	●	●	●
		关注名单型	√	●				
	业务办理形式	现场办理	√	●	●	●	●	●
		远程网络办理		●		●	○	
	并行性	单用户识别		●	●	●	●	●
		多用户识别	√	●				
安全维度	防伪方式	设备防伪		●	●	●	●	●
		算法防伪		●	●	●	●	●
		自属性防伪						●

根据"生物特征识别功能性筛选字典"可知人脸识别技术是适合该系统的生物特征识别技术，因此该系统采用人脸识别作为技术实施方案。其业务流程图（见图 12-11）及其描述如下所示。

（1）客户进入机器人摄像头覆盖区域；

（2）机器人前端定时采集区域内图片信息，将图片信息发送至智能机器人平台；

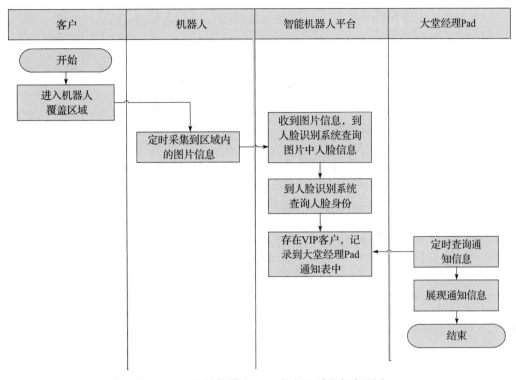

图 12-11　智能机器人 VIP 客户识别业务流程图

（3）智能机器人平台调用人脸识别系统的人脸检测接口，获取图片信息中多个人脸图片信息，再对每个人脸图片信息分别调用人脸识别系统的人脸识别接口，获取每个人脸的身份信息，如为 VIP 客户，将客户信息记录到大堂经理 Pad 通知表中；

（4）大堂经理 Pad 上的通知应用，定时查询智能机器人平台的大堂经理 Pad 通知信息，展现在 Pad 的通知界面中。

5. ATM 场景

生物特征识别技术在商业银行 ATM 场景中的典型应用为刷脸取款、转账等。ATM 针对如刷脸等生物特征的交易，需要建立自己的用户体系，该用户体系的主要要素有：证件类型、证件号、手机号、客户号、默认卡或账户等信息。同时支持按照证件号或手机号检索默认卡或账户等信息。以"刷脸取款"为例，具体流程如下所示。

（1）ATM 前端增加"刷脸取款"按钮，客户点击后，调用前端控件进行活体检测、抓取影像图片；

（2）通过活体检测后提示客户输入"证件号"或"手机号"，ATM 前端发起客户信息查询交易，并返回客户信息；

（3）对于客户输入手机号进行检索，返回多个客户信息的情形，ATM 前端提示客户输入证件号进行检索；

（4）前端收到客户信息返回以后，上送客户信息以及现场照，发起影像比对交易到统一生物特征信息处理平台进行比对，统一生物特征信息处理平台将比对结果返回前端；

（5）前端进行比对结果判定：如果比对成功，ATM 展示卡号供客户进行选择；如果比对结果失败，直接提示客户交易失败；

（6）客户在 ATM 上确认取款卡号，输入密码后发起刷脸取款交易到后台系统，完成取款功能。

6.基于静脉识别的支付手表原型实践

选择将静脉识别技术与金融 IC 卡移动支付相结合，推出具备静脉识别功能、内置 SE 安全芯片的支付手表和支付手环产品原型。其特征采集流程设计图，如图 12-12 所示。

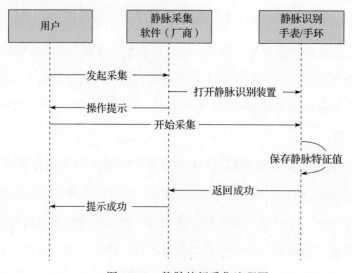

图 12-12　静脉特征采集流程图

采集流程图说明：

（1）用户打开静脉采集软件（厂商提供），选择"静脉采集"功能；

（2）打开静脉手表/手环中的静脉识别装置，提示用户开始采集；

（3）用户将手指放置于手表的指定位置或将手环置于腕部，手表/手环开始采集；

（4）手表/手环保存静脉特征值；

（5）提示用户采集成功。

其识别与支付流程图如图 12-13 所示。

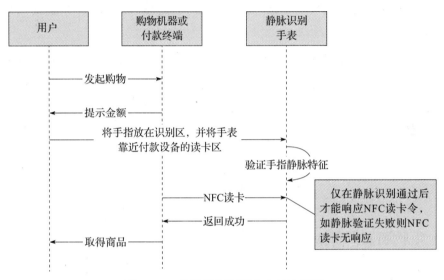

图 12-13　静脉特征识别和支付流程图

支付流程图说明：

（1）用户在自助购物设备上选择商品或在商场内完成购物后，提示付款；

（2）用户将手指放在静脉手表的静脉识别区，识别通过后将静脉手表靠近付款设备的读卡区；

（3）付款设备通过 NFC 读卡扣款，只有静脉识别通过才能正常读卡，如果未通过静脉识别，NFC 读卡就无响应；

（4）完成支付，取得商品。

静脉识别技术是天然的活体识别技术，具备识别率高、防伪性强等特点，特别适合金融场景应用，但受采集设备特殊要求，应用场景往往局限在 ATM 等金融设备，无法实现移动端的应用，本次原型研究是业界首个微型化设计的原型产品，将金融 IC 卡与静脉识别模块相结合设计智能可穿戴设备，具有极高的创新性，但在验证过程中仍受到产品成本的影响，未做大规模应用推广及试点验证。

第13章

生物特征识别应用关键技术分析

13.1 生物特征识别应用安全技术

13.1.1 安全攻击分析

1. 概述

生物特征数据也是数据的一种形式，只不过在传输和存储时包含了生物特征信息，这又使得生物特征数据具有其自己的特点：第一，生物特征数据具有唯一性，携带着个人唯一的生物特征信息；第二，生物特征数据属于采集数据，较难伪造；第三，生物特征数据具有隐私性。

一个基本的生物识别特征系统，通常包括采集器、特征提取、识别匹配、生物特征数据库四个部分，如图 13-1 所示。

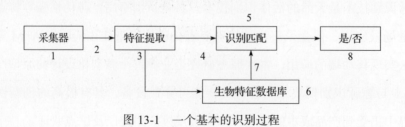

图 13-1　一个基本的识别过程

一个身份识别系统的安全性主要是指模块图中标明数字的各部分的安全性之积，任何一个过程的安全性失效，则整个系统的安全性失效（就好比"木桶效应"）。对于图 13-1 中各个过程，目前存在一些防止攻击的安全性技术，例如在指纹采集器的传感器上，对手指表面的电阻进行测量，或者对手指的脉搏进行检测，用以防止用户对传感器进行无限制的伪指纹恶意攻击；对信道进行加密，至少可以消除一些对步骤 4 进行远程攻击带来的安全隐患；然而，即使电脑黑客不能渗入特征提取（步骤 3），整个系统还是易受攻击的；最简单的防止步骤 5、6 和步骤 7 受到攻击的方法，就是将识别匹配器和生物特征数据库放置在安全的地点。当然，如果黑客来自系统内部的话，即使加上安全设施，也形同虚设；使用密码系统可以提供步骤 8 的安全性。

在图 13-1 中的生物特征识别系统中，定义了 8 个可能遭受攻击的步骤。此外，有研究详细归纳了各种滥用生物特征的情形，下面给出各步骤具体的描述。

（1）伪造生物特征：由于采集器的智能化水平尚未达到一定标准，通过伪造的生物特征在识别器上模拟输入、侵入系统，例如利用仿造的橡胶指纹、戴 3D 面具等手段。

（2）重复性使用生物特征数据：在此情况，输入者用已经使用过的生物特征数据直接输入到特征提取器，绕过步骤 1 中的采集器。例如，把一段用户本人的录音数据直接输入到特征提取器。

（3）越过特征提取器：用一种叫作 Trojan 的木马程序，这可以入侵特征提取器，并且使得特征提取器所提取的特征点是被预先选取好的。

（4）对提取后的生物特征数据进行篡改：当生物特征被提取之后，该特征数据已经被不同的、具有伪装性的特征数据给置换了。通常，特征提取和匹配这两大块是合并的，所以在这之间进行攻击的难度很大。不过，如果提取后的生物特征数据必须传递到另一个地方来进行匹配，那么上述危险是存在的。人们可以监控 TCP/IP 并且修改一些信息包。

（5）侵蚀匹配器：识别匹配器被破坏到能够产生预先所期望的匹配分数。

（6）篡改数据库：存储生物特征数据的数据库可能是与匹配器合并的，或者是分离的；假如数据量很大，数据库很可能是用多个服务器分离存储的。所以，黑客可以通过修改一个或多个服务器中存储数据，这会导致正确的特征被系统拒绝。例如，用智能卡存储生物特征，如果用户使用时将其提供给识别系统，则非常容易被攻击。

（7）对数据库和匹配器之间的连接渠道进行攻击：此情况发生在匹配器和数据库分离的情况下，数据库中的数据通过某渠道发生至匹配器，与用户所输入的数据进行匹配，黑客可以通过攻击传输渠道来完成信息包的篡改。

（8）控制输出：如果黑客可以修改最后输出的匹配结果，那么整个系统就完全失效了，尽管整个识别系统的其他步骤的生物特征数据得到了很好的保护，但是，最后一个简单的攻击可能使系统崩溃。

在整个识别过程中，存在一百多种攻击系统的思路和可能性。步骤 8 中提到的修改输出结果，在通常情况下很难做到。另外，有个很重要的步骤 7，也就是当窃取到数据库中的数据之后，将其放到采集器中作为输入，则将轻而易举地进入识别系统。

2. 安全攻击案例

（1）**伪造指纹**。前些年，外界用与司法取证类似的方法从玻璃上粘下指纹，然后通过黏性材料按取到的指纹做成手指，再稍加处理，制成人造"手指"，可以骗过指纹传感器。随着技术的积累，生物特征识别技术不断发展，现代传感器的分辨率更高，还能查看心跳、温度等其他因素，不过，相应的攻击方法还在不断进化，2013 年，Touch ID（iPhone）推出后不久，混沌计算机俱乐部破解了这一生物特征识别技术。

（2）**通过 3D 打印机击败 3D 人脸扫描器**。2017 年，苹果公司推出了人脸识别（Face ID）功能，表面上，使用该技术的体验与其他人脸扫描器别无二致，但是在手机屏幕背后提供支撑的，却是可更加准确地确保人脸识别难以被骗过的技术。基本上，手机里安装了 TrueDepth（发送无数红外光线的传感器），这可以准确地绘制用户的脸，从而手机里就能存储用户人脸所对应的 3D 数字信息，可从多角度来识别。苹果用机器学习技术强化了该功能，即便用户戴着眼镜、帽子或其他可能混淆的装饰品，依然能识别出来。

这些努力使人脸生物特征识别更加可信，也强化了该识别技术，不过，在苹果推出 Face ID 后一周，越南的某个安全团队就宣称攻克了此项技术：利用 2D 人眼红外图像、3D 打印机和石粉，再加上真人手工揉捏，就可制作出能够骗过 Face ID 的假面具。

（3）**攻破虹膜识别**。2017 年 5 月，一家德国黑客组织（名为混沌计算机俱乐部）放出了一段视频，视频显示，他们成功骗过了 Galaxy S8 设备的虹膜识别系统。该组织宣称，骗过虹膜识别系统是非常简单的，只需要一台打印机、一副隐形眼镜和一台相机就够了，普通人在市场上就能买到这些设备。第一步，他们用一台很老式的索尼相机给人脸拍了照片，此步骤的关键是打开黑白模式。第二步，把拍好照片的眼部区域打印出来。第三步，他们在这张照片的眼部部位盖上了隐形眼镜，从而可模拟眼球的圆曲率。只需要如此简单的操作，用这张打印好的静态图片就能解锁 Galaxy S8 了。

13.1.2　采集安全

1. 概述

采集安全是指通过某些算法或硬件方法，确保用于生物特征识别系统的生物特征信息具有合法性，属于活体而且属于申请者本人，而不是从尸体、断肢、照片、视频或者模型等非法物体中采集，即活体检测。当生物特征识别系统在无人值守环境下使用时必须含有活体检测功能。

活体检测作为近些年来为了解决欺骗攻击给生物特征识别系统带来的冲击而兴起的一项生物特征识别辅助技术，评价活体检测技术优劣的标准有以下五条。

（1）非侵入式：检测系统不能进入人体内部，或者说不能以损害人体为代价达到检测目的。

（2）用户友好：在进行活体检测时不应让人感到不适。相对于非侵入性，有些方法不够重视用户的友好性。比如，身体对光电刺激的反射或使用复杂交互行为，虽然可以用于检测活体，但是可能会造成用户身体或精神的不适和抵触。

（3）快速：在数据采集和活体检测时不能有过多的时间耗费。尤其对于实时性要求高的系统。

（4）低成本：有些活体检测方法需要额外的硬件设备。这种设备的经济成本不宜过高，否则会影响整个生物特征识别系统的成本从而限制其应用推广。

（5）准确性：准确性要求分为两个方面。首先，不能因为添加活体检测功能而降低身份认证功能的准确性。其次，活体检测的精确度不能有较大的 FAR 和 FRR。

活体检测方式可以分为行为特征与物理特征两类。常见的活体检测方式如图 13-2 所示。

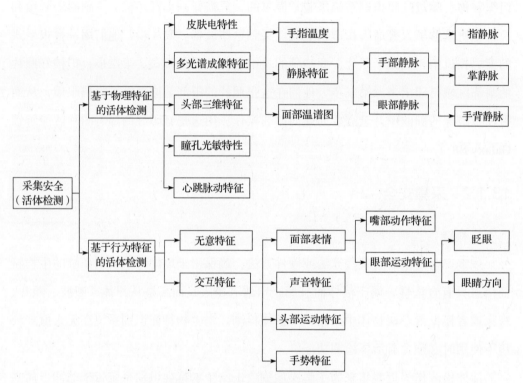

图 13-2 常见的活体检测方式

2. 基于物理特征的活体检测

某些特征只存在活体中，而不会在死体或假体中被检测到。这类特征属于活体固有特征，在检测过程中无须被检测者进行过度配合，用户体验好，检测效率高。当前常用的物理特征主要有：多光谱成像特征、头部三维特征、瞳孔光敏特性、心跳脉动特征以及皮肤电特性五种。

（1）**多光谱成像特征**。多光谱成像是指不同频率光谱照射到不同材质物体上呈现的不同反射率特性。反射特性不仅与入射光强度、反射率、物体材料、厚度、结构及表面的颜色有关，还与入射光的波长有关。

人体皮肤由表皮、真皮和皮下组织组成。皮肤的表皮就是最表面的一层主要由角化细胞组成，该部分反射大约占辐射量的 5%，其余 95% 会进入到真皮及以下。人体皮肤反射率主要与真皮及皮下组织有关。真皮是皮肤的内层，由细胞、纤维和基质构成。对于大部分人来说，皮肤的反射率特性均与皮肤中含有的黑色素和血色素有关。表皮对入射光的吸收主要是由黑色素引起的。一般来讲，黑色素吸收的光谱范围集中在紫外光波段。真皮中含有大量的血管，其中包含的血红蛋白的光谱特性是人体皮肤反射特性的主要反映。活体皮肤与硅胶、照片、PVC、成像屏幕等常见伪造材料相比，在反射率方面具有明显差异，利用多光谱成像特征可以有效地进行活体检测。

近红外是波长（760 纳米～ 1 毫米）介于微波与可见光之间的非可见光，是目前普遍采用的用于活体检测的光谱。利用近红外成像设备可以有效地获得人体指纹温度、静脉信息以及面部温谱图进而进行活体检测。

多光谱成像特征广泛应用于人脸识别、指纹识别、虹膜识别的活体检测中，可以有效地抵御视频、图像、模型等攻击手段，但对于抵御薄膜攻击效果较差，且使用时需要额外部署专用的多光谱成像设备。

（2）**头部三维特征**。真实的人脸是三维的，人脸表面并不平坦，并且外观存在非刚性变化，如人脸在微笑或者说话时脸部某些区域会发生变化。而照片或视频中的人脸是平面的，在日常生活中，人们可以轻松地分辨出真实人脸和照片中人脸的区别，因为人的大脑通过判断双眼与物体之间的间距从而判断人脸的活体性。由于大多数欺骗攻击都是基于图片和视频的，因此使用三维深度信息来进行活体检测具有很好的实用价值。

常用的头部三维特征获取方法包括计算获取与设备获取两种。

计算获取：通过摄像头连续采集多帧视频图像，通过计算获得图像深度信息，进而形成头部三维特征，进行活体判断。早期受设备成本等因素影响，计算获取是较为普遍的头部三维特征获取方式。该方式对采集设备要求较低，但采集时间较长，精度略差。

设备获取：通过 3D 摄像头直接获取图像深度信息，进而形成头部三维特征，进行活体判断。设备获取法具有极高的检测速度，用户体验感好，但设备成本相对较高。近年来随着 3D 摄像头成本的持续下降，使用设备获取头部三维特征逐步具有商用推广价值。2017 年美国苹果公司将在其新一代手机 iPhone X 中利用 3D 摄像头（结构光摄像头）获得人脸深度信息，形成人脸三维模型，实现活体检测。

头部三维特征广泛应用于人脸识别与虹膜识别的活体检测中，其可以有效地抵御视频、图像等假体攻击，但无法防范 3D 模型等伪体攻击。

（3）瞳孔光敏特性。瞳孔的光敏反应主要表现在随着光强的变化，瞳孔尺寸有缩放变化，这能有效解决尸体、假体攻击。瞳孔光敏特性可以用于虹膜识别、人脸识别的活体检测，但是该活体检测方法会对被检测者的身体进行刺激，容易造成被检测者的反感，用户体验感欠佳，且需要添加额外的设备。

（4）心跳脉动特征。心跳脉动特征是通过判断被检测者的心跳情况来进行活体判断的物理特征。心电相对来说是容易获取且可以直接表征活体的一类特征，利用传感器获取心脏跳动是否存在是早期活体检测的一种方式。目前，随着智能手环、智能手表等一系列硬件产品的出现，心跳脉动特征的易用性在逐步加强。但其与主流生物特征识别方式的兼容性略差。

（5）皮肤电特性。电特性是皮肤一项重要的生理特性，皮肤角质层的阻抗与介电响应能很好地区分活体手指与人工伪造手，且活体与死体之间存在着明显不同的皮肤阻抗与介电响应，这一特点可以有效地区分活体与死体。但皮肤电特性难以对使用薄指膜的手指进行区分。皮肤电特性常用于指纹识别的活体检测中。

3. 基于行为特征的活体检测

行为特征，是利用人有意或无意的肢体、表情动作作为活体检测的特征，比如说话、眨眼、手势、面部表情等。基于行为特征检测的数据来源都是信号序列，样本采集耗时较长。行为特征主要分为**无意特征**与**交互特征**两类。

（1）**无意特征**。无意特征即在无意识情况下做出的行为特征。常见的无意特征包括人体面部表情的细小变化、眨眼、头部的细微晃动等，常用于人脸识别与虹膜识别的活体检测。使用无意特征进行活体检测无须用户配合，用户体验感好，但算法复杂度较高，检测效率略低，且准确性低于其他活体检测方式。

（2）**交互特征**。交互特征即按照系统的提示与要求做出特定的反应，基于交互特征的活体检测主要包括**手势特征**、**声音特征**、**嘴部动作特征**、**眼部运动特征**和头部运动特征。

1）**手势特征**。根据系统指示做出手部运动，根据运动结果正确性判断是否为活体。目前，采用手势特征进行活体检测的系统较少。

2）**声音特征**。根据系统指示读出指定文字，根据读出内容的正确性判断是否为活体。目前，声音特征主要用于人脸识别、声纹识别及虹膜识别的活体检测中。

3）**嘴部动作特征**。根据系统指示做出嘴部闭合动作，根据动作的正确性判断是否为活体。目前，嘴部动作特征主要用于人脸识别及虹膜识别的活体检测中。

4）**眼部运动特征**。根据系统指示做出眼部闭合动作或看向指定方向，根据动作的正确性判断是否为活体。目前，眼部运动特征主要用于人脸识别及虹膜识别的活体检测中。

5）**头部运动特征**。根据系统指示做出指定表情或转向指定方向，根据动作的正确性判断是否为活体。目前，头部运动特征主要用于人脸识别及虹膜识别的活体检测中。

13.1.3 传输安全

对于一幅 256×256 灰度级的指纹图像或者人脸图像来说，在网络应用环境下，其包含的字节数为 256K 字节，这样的数据传输需要花很长的时间，特别是对于一些网络速度比较慢的来说，所以用户数据的传输一般是先进行压缩而后才会通过链路传输。不过，有些比较流行的压缩算法（例如 JPEG）会损害原有的信息，从而造成识别率的下降，所以，不是所有的算法都适合于生物特征识别这个领域。FBI 提供的 WSQ 压缩算法在保持较大压缩比的情况下，而对数据的影响降到最小。

并不是数据经过压缩在网络传输中就是安全的，对于一些公开的压缩算法，攻击者可解压缩来得到原有的信息。通常的防范是采用数据隐藏技术，即在原有信息中嵌入额外的信息，从而服务商就可以通过数字水印技术检测到原有数据是否被篡改过、是否值得信赖。有些研究者在这方面做了不少的尝试，Pankanti 和 Yeung 研究了将不可见的数字水印嵌入图像后，其识别率的变化情况。N.K.Ratha 研究了直接在压缩域上操作，最后的识别率并未下降。

生物特征数据必须经过加密等处理之后才能在不安全的公共网络上进行传输，

但其安全性仍非常低。松本（Matsumoto）等人的研究表明：如果数据信息或者模板泄露了，即使只有一部分信息是有效的，也能伪造出模板完成匹配。希尔（Hill）证实，只要有一部分有关指纹细节分布的信息，就可伪造出完整的模板来通过认证，为此，采用基于音频的隐匿传输或者基于图像的隐蔽传输，把生物特征数据隐藏在一组不同的图像中或声音信号中来公开传送的结果对识别率的影响不会太大。另外，诸如数字水印嵌入的方式也可以用来防止数据被篡改。

由于金融领域业务系统都是与外网物理隔离，默认环境是安全的，所以都未在内部系统传输过程中对传输的内容进行加密。

13.1.4 存储安全

在生物自身特征信息的安全存储方面，其所要达到的四个要求是：差异性（diversity）、可撤销或更新性（revocability）、安全性（security）、高性能（performance）。根据这个目标，开展了很多研究，采用的保护技术主要分为两大类：特征变换和生物特征密钥。特征变换的原理是将提取出的特征向量通过一个变换函数映射到其他特征空间，然后在新特征空间进行匹配。其要求变换函数是参数可调的，即所选参数不一样，特征空间也不一样，这样才能达到模板可撤销的要求，且不能从新特征空间中恢复出原始生物特征信息。根据变换函数的可逆性与否，又分为可逆和不可逆两种。而采用生物特征密钥方法，一方面能做模板保护，其另一个重要应用是密钥保护和密钥管理。其基本思想是将生物信息 B 与密钥 K 进行无缝绑定，生成特殊的可公开数据 D，绑定算法保证只有合法用户才能从 D 中恢复出精确的密钥 K，但攻击者不能从 D 中得到关于生物信息或者密钥的信息，通过更改 K 就能更改 D，这样就能达到模板（D 相当于模板）可撤销的要求。虽然这些方法应用在模板保护方面取得了一定成果，但其离实际应用还有不小的距离，其安全性和可靠性方面都没有得到很好的分析，且方法在具体应用方面没有完全考虑到生物特征的模糊性。因此，研究模板安全保护技术对实际应用具有重大的价值。同时其派生出来的另一重要应用——生物密钥提取，对密钥的保护和管理也具有重大意义。

研发生物特征加密系统的原本是为了采用生物特征完成加密或者直接根据生

物特征生成密钥，这也属于生物特征模板保护的一种机制。在生物特征加密系统法中，会存储某些关于生物特征模板的公共信息，该公共信息通常被称为帮助数据（helper data），因此生物特征加密系统法也被称为帮助数据法。但是，帮助数据并不揭示原始生物特征模板的信息，而是在比对过程中需要该数据来从现场访问采集模板中提取出加密密钥，比对是通过间接验证过程中提取的加密密钥的有效性来完成的。生物特征加密系统可进一步分为密钥绑定（key binding）和密钥生成（key generation）系统。以下对各种模板保护方法进行具体介绍。

1. 加随机数法

加随机数法或生物特征哈希法（Biohashing）通过由用户专用密钥或密码定义的方程对生物特征进行变换，这种变换很大程度上是可逆的，密钥或密码的安全存储就变得非常重要。

优点：引入了密钥，使误识率有所降低；由于密钥是用户特有的，因此可以采用不同的密钥生成同一用户的多个模板（具有差异性），这也意味着当一个模板不安全时，可以很容易地删除该模板，通过不同的用户密钥生成新的模板（可撤销性）。

限制：因为变换通常是可逆的，对抗方可能获取密钥并计算出原始模板，所以如果用户的专有密钥不安全，那么模板就不再安全；由于比对发生在变换域，因此需要精心设计加随机数的机制，不能降低识别率，特别要保证大规模用户间的区别。

2. 不可逆变换法

该方法对生物特征模板进行不可逆变换，这种变换是单向的，很难计算出逆变换。变换方程的参数根据用户密钥定义，在认证时，必须使用该密钥变换现场访问采集的特征。这种方法的特点是即使密钥暴露了，也很难复原出原始模板。

优点：由于密钥不安全而且很难复原出原始模板，该方法比加随机数法更安全；分别采用用户专用和应用专用的变换方程，可以获得差异性和可撤销性。

限制：主要是需要寻找变换方程不可逆性和区别力之间的折中，但目前市场很难设计出一个变换方程能够既保证变换后的模板具有原始模板一样的区别力，同时又保证变换的不可逆性。

3. 密钥绑定生物特征加密系统

密钥绑定生物特征加密系统通过将生物特征模板与加密架构中的密钥进行一对一绑定来保证其安全。将嵌入了模板和密钥的单一实体存储于数据库中作为帮助数据，这种帮助数据不揭示任何关于生物特征模板、密钥或信息，在不知道用户生物特征数据的情况下很难计算出模板或密钥。帮助数据通常是一种纠错编码和生物特征模板的联合，当数据库中模板与现场访问采集的生物特征模板在一定的差错容限内时，有相似错误量的联合编码是可以恢复的，可通过解码提出准确的联合编码，从而复原出嵌入密钥，成功复原出的正确密钥也就意味着一次成功的比对。

优点：此方法对用户间生物特征数据的区别具有容忍度，该容忍度由联合编码的纠错能力决定。

限制：比对需通过纠错完成，这使得原本为原始模板设计的复杂比对器无法使用，可能会导致正确比对率的下降；通常生物特征加密系统的设计不具有差异性和可撤销性，但是在有些研究通过将该方法与加随机数法结合，使之具有差异性和可撤销性；帮助数据应基于选择的生物特征及其相应的用户间区别的本质，需要进行精心的设计。

4. 密钥产生于生物特征加密系统

直接通过生物特征产生加密密钥的方式是很有吸引力的，但是，用户间的区别性使其变得十分困难。在通常情况下，密钥产生生物特征加密系统受低区分力的困扰，区分力可通过密钥的稳定性和密钥熵进行评估。密钥稳定性指通过生物特征数据生成密钥的可重复性；密钥熵指可生成的密钥数量。在此需指出的是，对于一个方法，不管输入模板如何，而生成相同密钥的话，其具有很高的密钥稳定性，其熵却为零，这会导致很高的误识率。另外，如果一个方法对同一个用户的不同模板生成不同的密钥，那么其具有很高的熵，但稳定性会比较差，这会导致很高的拒识率，所以很容易从生物特征中直接获得一个密钥，但是却很难同时保证高的密钥熵和高密钥稳定性。

在生物特征信息的存储上，大部分金融领域都保存了生物信息图像等原始数据，以及生物特征信息。其中图像等原始数据存储在 NAS（网络附属存储）上，有加密与不加密两种方式，例如银行采用了 128 位 AES 算法对图像进行加密。生物特征信息存储于数据库中，由于生物特征信息具有唯一性、无规律性，而且使用各供应商不同的算法计算生成，被篡改后无法被识别和使用，因此大部分金融领域都未对生物特征信息进行加密。

13.2　深度学习在生物特征识别领域的技术应用

深度学习是人工神经网络中一种基于对数据进行表征学习的机器学习方法。其通过较简单的表示来表达复杂的表示，可以有效地解决从原始数据中提取高层次、抽象特征的难题。深度学习流程图如图 13-3 所示。

图 13-3　深度学习流程图

人工神经的概念最早于 20 世纪 40 年代提出，至今共经历了三次发展浪潮。20 世纪 40 ～ 60 年代，部分学者受神经科学中脑功能结构的启发提出神经元、自适应线性单元、感知机等模型，宣告人工神经网络的出现。20 世纪八九十年代，随着联结主义的流行，人工神经网络进入第二次发展浪潮。联结主义认为，当网络将大量简单的计算单元连接在一起时可以实现智能行为。这一时期提出的分布式表示、反向传播、长短期记忆（long/short-term memory，LSTM）等概念与方法在当今深度学习领域仍发挥着重要的作用。受样本数量、计算机运算能力，以及机器学习的其他领域取得的进步等诸多因素影响，两次浪潮并未使人工神经网络成为机器学习领域的主流。直至 2006 年，杰弗里·辛顿（Geoffrey Hinton）发表了 3 篇关于深度信念网络（deep belief networks，DBN）的论文，并在文中阐明通过逐层预训练的策略可以有效地训练名为深度置信网络的神经网络，以此拉开了深度学习的大幕。得益于算法的突破、计算机硬件处理速度的大幅提升以及可收集数据量的爆发式增长，深度学习方法在过去几年中取得了突飞猛进的发展，成为人们研究的主流机器学习算法，广泛应用于计算机视觉、自然语言处理、手写识别、音频处理、机器人等领域，掀起人工神经网络第三次浪潮，并一直延续至今。

深度学习利用大量简单神经元构成深层学习网络，前一层神经元的输出是后一层神经元的输入，两者通过函数连接，通过底层特征的组合形成高层特征。根据神经网络结构与连接结构分类，常见深度学习类型主要包括以下三种。

1. 深度神经网络

深度神经网络（deep neural network，DNN）是在浅层神经网络（单层神经网络、支持向量机）基础上发展起来的拥有多个隐含层（一般大于 3 个）的神经网络。早期浅层神经网络模型是一种二分类的线性分类模型，只能用于解决简单的线性分类问题，对"异或"等稍微复杂的问题都无法处理。深度神经网络通过多隐含层结构，使用激活函数模拟神经元对激励的响应，利用多个简单的线性函数逼近复杂函数，可以有效地克服离散传输函数的约束，有效地解决复杂分类问题。深度神经网络与浅层神经网络具有类似的分层结构：输入层、隐含层及输出层，相邻各层之间节点相互连接，非相邻层之间节点互不连接。深度神经网络是一种全连接的神经网络。典型的深度神经网络模型如图 13-4 所示。

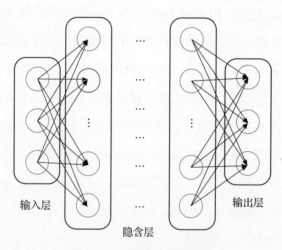

输入层　　　　　　　　　　　　　　　　　　　　输出层

隐含层

图 13-4　深度神经网络模型

深度神经网络适用于解决大部分分类问题，如数字识别、图片识别及语音识别，但因为将图像或音频数据变为一维数据处理，忽略了图像的几何关系及音频的时序关系，相较其他深度学习模型识别率较低。此外，深度神经网络采用全连接模式，在运行训练过程中对数据量及运算能力具有较高的要求。

2. 卷积神经网络

20 世纪 60 年代，休布尔（Hubel）和威塞尔（Wiesel）在研究猫脑皮层时，发现了一种独特的神经网络结构，可以有效地降低反馈神经网络的复杂性。1996 年，LeCun 等人以此为参考提出了卷积神经网络（convolutional neural network，CNN）。

卷积神经网络是一种非全连接的神经网络结构，包含两种特殊的结构层：卷积层和下采样层（也称特征提取层和特征映射层）。卷积层通过计算对上层的特征平面卷积构成，以完成抽取特征的任务。每个神经元接受同一个特征平面，并且该神经元具有相同的大小，同一特征平面上的神经元具有相同的权值，这里的神经元就是卷积核。其中隐含的原理则是：图像的一部分统计特性与其他部分是一样的。这意味着在这一部分学习的特征也能用在另一部分上，所以对于这个图像上的所有位置，都能使用同样的学习特征。在高层将这些局部信息组合，得到图像的全局信息。

每个卷积层都会紧跟 1 个次抽样层。输入数据经过卷积后进入高维空间，即卷积层进行了升维映射。如果不断地进行升维就会导致维数灾难，因此需要进行池化（下采样）操作。池化后得到的概要统计特征不仅具有低得多的维度，同时还可以降低过拟合的可能性。但是池化操作会损失部分图像信息，因此在网络中不能频繁采用。

卷积层的每一个平面都抽取了前一层某一方面的特征，使用该卷积层上每个节点作为特征探测器共同提取前一层图像的特定特征。图像每经过一次卷积就进行一次到特征空间的映射，并进行重构。卷积层的输出是图像在特征空间中重构的坐标，也是下一层的输入。在实际应用中往往使用多层进行卷积，再使用全连接层进行训练，典型 CNN 结构如图 13-5 所示。

相较于其他深度学习方法，卷积神经网络具有很多优势：CNN 允许图像以多维向量的形式输入网络，可以有效地避免特征提取与分类过程中数据重建的复杂度；卷积层与计算层相间的独特结构减小了特征分辨率；权值共享不仅可以实现并行学习，同时还减少了网络自由参数的个数，大大降低了网络的复杂性。这些特点使得卷积神经网络可以有效地处理结构化数据，在图像处理方面有很强的优越性，被广泛使用于计算机视觉领域，其在图像分类、图像识别、视频分析等领域取得了令人瞩目的成果。

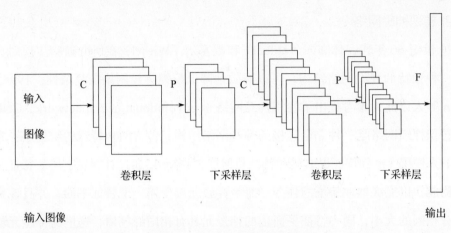

图 13-5　CNN 结构示意图

注：C：卷积；P：池化；F：全连接。

3. 循环神经网络

在 DNN 与 CNN 模型中，神经元的信号均是单项传播，样本处理间相互独立，无法有效表示时序上的变化，无法解决需要进行上下文关联的问题。为了有效解决与时序相关的问题，部分学者提出了循环神经网络（recurrent neural network，RNN）的概念。RNN 中神经元的输出可以在下一个时点作用于自身，形成一种"记忆"机制，该时点的输出是由该时点的输入与之前所有历史结果共同决定的，有效地解决了时序相关问题。典型 RNN 结构如图 13-6 所示。

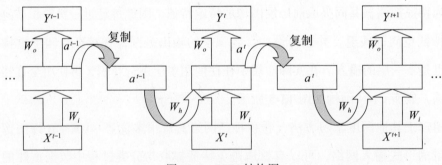

图 13-6　RNN 结构图

目前常用的 RNN 主要包括：深度 RNN 模型（DeepRNN）、回声状态网络（Echo State Networks，ESN）、LSTM、Simples RNNs（SRNs）、Bidirectional RNNs 等。

RNN 得益于其在处理时序信息中的独特优势，被广泛使用于自然语言处理、手写体识别、行为识别、股票分析等领域，并取得了良好的效果。

除上述几种常见类型外深度学习还包含自动编码机（autodencoder）、受限玻尔兹曼机（restricted Boltzmann machines）、生成式对抗网络（generative adversarial networks，GAN）等类型。

深度学习的方法在提出之后率先在图像识别领域取得成功。2012 年，Alex 等人提出的基于深度学习的算法 AlexNet 在计算机视觉领域最重要的赛制之一 ImageNet 中取得图像分类分项冠军，其错误率达到 15.315%，比使用传统方法的该项测试历届最好成绩降低了将近 11 个百分点。得益于此，2013 年，《麻省理工学院技术评论》杂志将深度学习列为 2013 年十大突破性技术之首。随着 AlexNet 取得成功，研究机构纷纷开始采用基于深度学习的方法解决图像分类问题，并取得了惊人的进展。2014 年，GoogLeNet 将错误率降低为 6.656%；2015 年，ResNet 将错误率进一步降低至 3.57%；2016 年，Inception 将错误率控制到 3.08%，甚至超过了人类的分辨能力（错误率为 5.1%）。在深度学习的作用下，短短数年内图像分类的准确率取得了数量级上的提升。

随着深度学习在图像分类领域取得成功，部分学者开始将深度学习应用于同属计算机视觉领域的生物特征识别中，并为生物特征识别技术特别是人脸识别技术带来了革命性的变革。

2012 年，在深度学习方法在图像分类问题取得突破性进展之后，研究人员开始尝试利用深度学习解决人脸识别问题。在最初的尝试中，基于深度学习的人脸识别并未获得优于传统方法的结果，在 2013 年 CVPR 会议上传统方法仍占据优势。得益于互联网与社交网络的发展，研究人员可获取的人脸图像在近年来呈几何级数的增长，在其与算法改进的共同作用下，基于深度学习的人脸识别技术取得了飞速的发展，短短一年内，Facebook、香港中文大学、旷世科技等机构陆续在 LFW 数据集中取得 97% 以上的准确率，超过效果最好的传统方法 2 个百分点。随着研究的深入，基于深度学习的人脸识别方法不断取得优异的结果，香港中文大学提出的 DeepId2 算法在 LFW 上取得 99% 的准确率，在 LFW 数据集中第一次超过人类的辨认能力，目前在 LFW 数据集中的最高准确率已经达到 99.83%。在另一项国际知名测试 FRVT 中，最新一届测试表明在 Visa 证件照数据集中，当 FMR 为 0.0001% 时，基于深度学习的算法可以取得 FNMR = 2.5% 的成绩；当 FMR 为 0.000 01%

时，FNMR<5% 远好于之前使用传统方法的人脸识别算法。在深度学习方法的推动下，人脸识别性能大幅提升，已满足实际应用的需求，人脸识别技术进入成熟期。随着人脸识别算法的提升，人脸识别技术被广泛应用于公共安全、金融、移动互联领域，"刷脸的时代"随之到来。

在人脸识别领域之外，指纹识别、虹膜识别、声纹识别等生物特征识别技术虽然受可获取样本规模限制没有取得如人脸识别般翻天覆地的变化，但仍在深度学习方法的影响下取得了突破，其识别准确率得到了数量级上的提升，核心算法性能已不再是约束生物特征识别技术推广应用的瓶颈，生物特征识别技术将获得更加广阔的应用空间。

13.3　多生物特征识别技术综合应用

由于单一生物特征识别技术始终无法实现 100% 的识别率，也无法满足银行多元化需求，多种生物特征识别技术融合技术的产生才是未来发展趋势。迄今为止，没有一种生物特征识别技术能完美满足需求，对单项生物特征而言，系统可能会因客户身体受到伤病或污渍的影响而无法正常识别，造成合法客户无法登录的情况。例如，指纹识别经常出现无法提取某些人指纹的情况；白内障患者的虹膜会发生变化，不宜用虹膜识别对这些人进行身份认证。所以，建议将多种生物特征用于网络安全和身份认证，可以使用数据融合技术科学来实现，以不断提高生物特征识别的可靠性和准确率，同时降低单生物特征识别所导致的不利影响，进而提升身份认证的效果和网络安全保障。

招商银行手机 App 中使用了指纹、人脸和语音等生物特征识别技术，使客户的手机能自由读懂和处理客户所想表达的信息，这一举措有效地节省了人机交互成本。

交通银行于 2014 年 6 月率先在业内建立了全行统一的生物特征识别身份认证平台。平台以虹膜、人脸、指纹及指静脉等多种生物特征识别技术为核心，建立了跨平台的、开放的、可扩展的统一身份认证平台，实现了客户身份安全便捷、真实、准确认证。该平台通过其中的人脸识别技术与现有业务系统对接，调用联网核查系统获取客户存放于公安部的标准二代证照片与客户现场照片进行比对，1 秒钟即可实现客户身份识别，并且在认证过程中自动保留客户办理业务的现场图像，便于事后审计，提高了客户的满意度、忠诚度和舒适度。同时，交行还将该技术广泛应用于智能终端、自助发卡机、柜面系统、排队叫号、直销银行等场景，提高身份认证效率的同时，有效挖掘了各个渠道潜在的客户营销信息。

13.4　技术核心算法

13.4.1　生物特征识别算法的准确度和稳定性

近年来，通过与深度学习方法进行结合，生物特征识别技术的准确率与稳定性获得了跨越式的提升。目前，主流的生物特征识别技术算法性能如表 13-1 所示。

表 13-1　主流的生物特征识别技术算法性能

识别模式	识别率	
	受控环境	非受控环境
指纹识别	FpVTE2012：在 160 万规模的指纹数据库中，使用双手拇指指纹进行辨认测试，当 FPIR 为 0.1% 时最好算法的 FNIR 可以达到 0.27%。FVC-onGoing 在测试中（截至 2018 年 5 月），单指在一对一确认测试中，FMR10000 达到 0.036%	N/A
人脸识别	FRVT ongoing（截至 2018 年 4 月）：Visa 图像中，当 FMR = 0.0001% 时，最好算法的 FNMR = 2.5%；当 FMR = 0.01% 时，最好算法的 FNMR = 0.5%	FRVT ongoing（截至 2018 年 4 月）：Wild 图像中，当 FMR = 0.01% 时，最好算法的 FNMR = 27.1%
虹膜识别	IREX Ⅸ（截至 2018 年 4 月）：进行双眼 1∶1 确认识别，当 FMR = 0.001% 时，最好算法的 FNMR = 0.0057，错误多与图像质量不佳相关	N/A
声纹识别	NIST SER12：在无噪声环境下，说话人识别在 FRR = 0.1% 时 FAR 小于 0.5%	NIST SER12：在加入噪声后 FRR 为 0.1% 的情况下，FAR 会下降将近 10 个百分点
静脉识别	FVRC2016：静脉识别可以达到 ERR = 2.64% 的水平，错误多与图像质量不佳有关	N/A

从表 13-1 可以看出虹膜拥有最高的识别准确率；静脉识别虽然受测试数据集样本构成影响识别数据效果不佳，但公开文献表明在图像质量良好时，其效果与虹

膜识别相当；人脸识别、指纹识别、声纹识别在深度学习与大数据的共同作用下取得了极高的识别率，仅次于虹膜识别。可以说，在受控环境下生物特征识别技术已经完全满足各种应用的需求；在非受控环境中，生物特征识别技术的性能会受到一定的影响，准确率会较为明显地下降。

13.4.2　生物特征识别技术算法的成熟性和局限性

主流生物特征识别技术经过多年发展，特别是在与深度学习方法结合后，其在可控环境中的性能已经日趋完善，在可控场景中可以满足各类应用的需求，这也是近年来生物特征识别技术在日常生活中日益普及的原因。

在生物特征识别技术日益成熟的今天，其仍具有局限性。非受控环境一直困扰着生物特征识别领域。众所周知，当今主流生物特征识别技术大都采用深度学习方法，深度学习通过对海量有标签数据进行端到端的训练得到用于识别工作的网络参数模型。该方法对训练数据具有较高的依赖性，当深度学习处理训练数据无法表征的数据时，该方法的性能会有一定的下降。因此在无法确定外部情况的非受控环境中，生物特征识别技术的表现并不能完全令人满意。以人脸识别为例，其在受控环境下取得 FMR = 0.0001% 时，FNMR 仅为 2.5% 的良好成绩，但在非受控环境中，当 FMR = 0.01% 时，FNMR 仅为 27.1%。

在生物特征识别应用中需要充分了解使用算法的特性及适用范围，没有可以解决所有问题的生物特征识别方法，根据算法特性选择应用场景，根据应用场景调整应用算法是生物特征识别技术应用成败的关键因素之一。

13.4.3　自主算法与实用供应商提供的技术算法

鉴于生物特征识别算法本身具有多学科相交织的专业性与复杂性，其本质已经不限于软件本身（只是以软件的形态体现），而是涉及数学建模、机器学习、图形图像识别、生物统计科学、计算机科学等诸多学科的交织，且生物特征识别算法的种类也较多，如常用（且成熟）的就有人脸识别算法、声纹识别算法、虹膜识别算法、指静脉识别算法等。金融领域即便自行研发其中一种，都要保持一支人数庞大且覆盖上述各个专业领域的专家团队，且不论专业人员的成本投入如何，由于市场上相关专业人员数量占比相对较小，招聘足够的上述人员的难度就很大。专业的生物特征识别算法提供商的解决方案多数是从之前各相关高校多年来形成的科研成果转化而来的，本着"专业的事交给专业的人来做"的原则，提倡由金融行业自己来开发"统一生物特征信息处理平台"，辅以外购专业公司的生物特征识别算法的模式来快速搭建金融行业的生物特征识别解决方案，也是产学研一体化的实际体现。提倡平台自研发的最重要的意义其实在于金融领域在面对各类厂商时为自己争取最大的主动性，避免日后陷入可能由厂商的技术壁垒带来的种种限制之中，如厂商提供平台一旦具有排他性，那么该金融领域后续便可能无法选用其他公司的生物特征识别引擎算法。

在生物特征识别算法选型时，建议尽量选择同业实施案例相对多的厂商，尤其是有过大型银行实施经验的厂商，它们不仅遇到和解决过相对较多的问题，而且其系统承压性能一般也较高。

第 14 章

生物特征识别技术在金融领域的发展趋势

14.1 技术发展趋势

14.1.1 与大数据、区块链、物联网等技术的融合

通过与物联网、区块链、大数据等相关新兴技术的互相融合、共同进步，生物特征识别技术的算法深度将不断提高，算法准确度将不断提升。例如，"生物特征识别＋移动互联"，移动互联网技术使生物特征识别的使用渠道得到拓展；"生物特征识别＋大数据"，大数据技术的并行运算能力提高了生物特征识别 $1:N$ 认证模式的计算效率；区块链技术保障了数据来源的可信及可追溯，与生物特征识别技术的结合能更有效地保证数据的真实性和可靠性，降低安全风险；生物特征识别的商用产业也将会不断完善，预计在未来，智能可穿戴设备在生物特征识别方向的应用会越来越多出现在日常生活中；同时，随着算法功能的不断优化，也会有更多的第三方特征数据服务商投身进来，这也从一定意义上提升和推进了生物特征识别技术的发展。最终，生物特征识别领域的不断创新将为生物特征识别的大规模应用推广奠定基础。

生物特征识别分析需要有对比样本，也就是说都需要建立完整的数据库。另外，未来的生物特征识别技术，也需要从多维度的方向来进行一个更加综合、更加全面的判定，因此生物特征识别的数据库实际最终是一个大数据的引擎。不仅只是看生物特征，还要看账户、性别等类似特征的多种体系，这就从一定意义上要求打通多维度信息。因此随着时间的前移，生物特征识别技术必然需要结合、依赖大数据技术进行分析。换句话说，将成千上万个基于同一事物或者同一人的特征信息聚合起来进行毫秒级的运算，也是生物特征识别领域发展的趋势之一。

近年比特币涨幅惊人，同时也带动了众多投资者对于虚拟货币的关注，而虚拟货币火爆的背后则是区块链技术的蓬勃发展。比特币是区块链技术最核心的，也是最成熟的应用之一。相对现在的金融货币，其有如下几个优势：不可伪造性、独立性、不可重复花费、匿名性和传递性。区块链承担了什么角色？实际上，它就用于几种交易的历史状况，我们可以将之理解为网络的数据库。而这个网络数据库只可以添加记录，不可以篡改记录，是一个去中心化、分布式的网络系统，同时所有的地址都是通过网络形成的，它可以保护用户的信息和隐私。那么生物特征识别技术与区块链技术结合又能碰撞出什么样的火花呢？

区块链所有的技术主要是加密、解密、去中心化的过程。费恩格尔 CTO 姜洪霖提出了"区块链 2.0 技术架构"，即在区块链第一应用层里面，增加生物认证登录系统（指纹、虹膜等生物特征识别技术都可以），此外在数据层上也会考虑增加生物特征密钥，也就是生物特征加密技术。生物特征作为用户 ID 是一种很常见的方式，这种方式就是高效、安全、便捷。

基于生物特征认证的区块链，是对现有的行业进行业务上和模式上的创新，比如支付，比如银行、保险、零售和客户认证。简单举一个例子，比如支付环节，现在的支付都是在银行的中央系统里面完成认证每一笔交易，而基于生物认证特征的区块链，则可以进行分布式的交易认证，这种认证方式甚至更安全、更高效。

14.1.2　多模态与多因子的融合

多模态生物测定鉴别技术就是结合人的多个生理或行为性状（比如一个人的虹

膜与指纹或者同一个人的多个指纹）进行人的身份鉴别的技术。多模态生物测定鉴别技术充分利用各个生物特征提供的信息，从而提高识别系统的性能。

1. 操作模型

一个多生物特征识别系统可以有三种不同的操作模型：串行模型、并行模型和垂直模型。串行模型必须使各个特征数据顺次输入，前一个特征数据的输出可减少下一个数据输入量。在并行模型中，这些特征数据可以同时进入。在垂直模型中，各种分类器被连接成树形，这种模型一般适用于分类器比较多的情况。

2. 信息融合

信息融合就是指采集并集成各种信息源、多媒体和多格式的信息，从而生成完整、准确、及时和有效的综合信息，以获得对同一事物或目标的更客观、更本质的认识。在生物特征识别中应用信息融合技术可以利用互补的信息以降低错误率，可以利用多种来源的信息以增强稳定性，可以从不同角度来获得信息。

多生物特征的数据融合可以在三个层面进行：特征层的融合、匹配层的融合和决策层的融合。

（1）**特征层的融合**。特征层融合的输入是从不同的生物特征提取的特征向量集。不同的特征向量用不同的方法来构成新的高维特征向量，用这个高维特征向量来代表多个生物特征的融合。

（2）**匹配层的融合**。匹配层融合模块的输入是若干个生物认证系统的匹配模块输出的分数。在三种整合方式中，匹配层的整合是最常见的。

（3）**决策层的融合**。对决策层进行融合相对来说比较简单，可以利用的信息量也比较小。由于决策层的输入已经是单个生物认证的逻辑输出，因此决策层的融合可以按"OR"规则或"AND"规则进行。

多因子身份认证的目的是建立一个多层次的防御体系，弥补由单一身份认证所引发的身份认证风险。其含义是：通过探索数据挖掘与深度学习等人工智能技术，结合两三个独立的凭证（用户知道什么、用户有什么、用户是什么），以此来建立多层次的防御体系。

目前常见的多因素身份认证，主要是静态型密码与动态型密码的组合认证，或静态密码和面部识别的组合认证，或数字签名和短信密码组合认证等方式。从认证载体上可分为：基于智能设备的 PKI/CA 认证、短信验证码、生物特征识别等；基于硬件的智能卡、U 盾、硬件口令、生物特征识别等。

14.2　应用发展趋势

相比于传统的安全技术和产品，生物特征识别技术具有精度高、速度快、防伪好等特点，在金库管理、柜台身份认证、网上金融与电子商务等领域都已经有很好的应用。其在金融领域的应用也一天比一天多，由最初应用在门禁方向的身份识别，现已经逐步扩展到了金融领域的各个方面，例如刷脸支付、无卡取款等。作为互联网时代的产物，生物特征识别已经逐渐进入了金融行业的各个服务领域，并在国际上有了成功的应用。但生物特征识别技术的应用若仅局限于身份认证领域，则应用范围未免有些狭窄，总的来看可以从以下几个方面深入挖掘应用场景。

1. 通过生物特征识别技术促进网点智能化转型

随着银行网点的智能化转型，生物特征识别技术将引领渠道变革，基于生物特征识别技术的客户识别能力，可为客户提供快速的自助交易服务，加速网点服务智能化的推进和突破。依托生物特征识别技术，银行网点的信息系统将拥有感知力，具备智能"输入"和"识别"能力，做到"认识"客户；同时，应用大数据技术可对客户进行画像，进而可以做到"懂得"客户。从银行角度看，应通过加强生物特征识别技术的应用，促进智能设备的应用部署、交互界面的优化，让银行服务走向精益服务，向深层次的智能、智慧服务进化。比如，建设银行正在将人脸识别技术应用于智慧柜员机，客户可完成个人资料输入、影像采集、取卡、激活的全过程。如果无法通过后台系统的自动人脸识别，那么其就会提醒银行大堂经理补充人工面签。同时，一些金融设备制造商为了提高自身的竞争实力，也已着手研究生物智能 ATM。

2. 通过生物特征识别技术防范身份盗用

建议通过生物特征识别方案来应对两个经常面临的问题：一是开户诈骗，顾客用虚假的身份来申请银行服务或贷款；二是不断增多的 ATM 骗局，特别是使用失窃卡、复制盗用磁条卡。银行业可通过生物特征识别技术，有效减少身份盗用带来的损失。比如，可将人脸识别技术应用于人证对比，柜员通过柜面终端及摄像头、身份证鉴别仪，获取客户的人脸和身份证照片信息，发送到系统后台对身份真实性进行核验，实现端到端的客户信息验证，有效防范客户身份盗用风险。

3. 推行基于生物特征识别的银行卡安全支付认证

随着生物特征识别技术的不断推广，对银行业而言，生物特征数据库将会极其庞大，这导致识别速度出现一定程度的降低。建议优先进行前端生物特征识别，推行银行卡安全支付认证。银行在客户申请IC卡时，通过生物特征采集终端完成对客户个人生物特征的采集，并将其写入银行IC卡；客户登录银行ATM时，指纹采集装置或摄像头立即获取客户特征，并对其进行处理，将处理后的特征分量优先与客户IC卡上的特征分量进行对比和匹配，如有异常再与保存在特征数据库中的特征分量进行对比和匹配，这样可以大大提高处理效率。

伴随支付方式多样化、个性化和便捷化的发展，生物特征也在由"支付密码"向"支付账户"转变。我们可以大胆假设，如果在支付前先将生物特征与银行卡等其他个人账户进行关联，设定了单笔的最高消费限额，那么消费者在进行消费时就不需要再携带现金、银行卡或手机，只要直接扫描生物特征并通过辅助输入相关密码，即可以完成交易的结算。随着监管立法的不断完善，在国家大力鼓励创新的春风下，目前不论是传统金融机构，还是互联网金融公司，都在加快生物特征识别场景的孵化和技术的转化，生物特征识别技术未来的应用前景十分广阔，不难想象生物特征识别技术在银行领域的广泛应用只是时间问题。

生物特征识别在未来的发展趋势主要有以下四个方面。

（1）非接触式生物特征识别技术将得以普遍推广。非接触式识别是指无须识别对象接触设备即可实现身份识别的方式。与传统的诸如采集器式指纹识别相比，非接触式生物特征识别技术更为友好、更为人性化且更容易被接受，可以有效地避免个人生物特征信息被窃取或盗用的风险，在越来越注重个人隐私安全的今天是一个更为优质的识别方式。

（2）活体检测技术发展前景巨大。现有的一些生物特征识别技术，如指纹、人脸识别，存在被破解、复制或伪造的可能，如指纹的易复制性，业界公认可以用人造指纹膜进行伪造。严格意义上来讲，所有的静态识别技术都有被伪造的可能性，而加入活体检测技术，如在人脸识别的基础上加上点头、摇头、微笑等动作，也可大幅提高识别的准确率与安全性，是一项非常值得期待的应用技术。

（3）向步态识别新兴技术扩展。目前市场主流的人脸、指纹、虹膜等识别技术，都是近距离或接触式识别，一般需要被识别人的主动配合，而步态是远距离复杂场景下唯一可清晰成像的生物特征。即便某人在几十米外戴着面具、背对着普通摄像头，步态识别算法也有可能对其进行身份判断，可适用于各种分辨率、光照、角度，因此其在安防、反恐、交通等领域具有十分广阔的应用前景。未来随着步态识别技术的突破、准确率的提升，其将会在生物特征识别领域发挥极其重要的作用。

（4）复合生物特征识别技术将得以大量应用。大多数生物特征识别技术都已比较成熟，但每一种生物特征识别技术都有其不同的技术短板与应用场景，单一生物特征识别技术的局限性比较大，而多模态的复合生物特征识别可以确保更高的安全性、准确性和有效性，或可成为未来的主流发展方向。例如，将步态识别与人脸识别结合，应用于安防监控中，可极大弥补人脸无法拍摄等问题。目前，市场上已经出现人脸和指纹复合识别、指纹和指静脉复合识别等技术；未来，国内的生物特征识别厂商除了巩固各自细分市场的优势外，还可适当开发新的复合技术或与其他厂商进行合作，以复合生物特征产品赢得更大的市场份额。

第 15 章

法律和监管环境简介

15.1　中国

生物特征识别技术在金融领域的应用，无疑是金融业务面向客户化、智能化发展的新机遇，但同时也给技术本身带来了新一轮的挑战，其应用方式及场景在一定程度上必须满足金融监管的要求。

我国《网络安全法》第七十二条第五款规定："个人信息，是指以电子或者其他方式记录的能够单独或者与其他信息结合识别自然人个人身份的各种信息，包括但不限于自然人的姓名、出生日期、身份证号码、个人生物特征、住址、电话号码等。"这说明了在我国的《网络安全法》已经明确将我国公民个人的生物识别信息列入了个人信息保护的范畴。

我国关于各类生物特征识别技术均有一定的法律法规文件作为依据。以指纹识别技术为例，指纹因为其独特的唯一性和不变性，是识别公民个人身份的重要依据，所以其早已被列入国家指导性技术文件——《公共及商用服务信息系统个人信息保护指南》中，也被界定为个人敏感信息。此外，关于指纹的主要法律法规还有《出入境管理法》《公安机关实施保安服务管理条例办法》《保安服务管理条例》《征信业管理条例》《反恐主义法》《居民身份证法》《刑事诉讼法》等。以上的法律法规明确地规定，保安员以及前来办理身份证的公民应当主动配合采集指纹，且法律明文明确规定指纹采集的手段与指纹使用的目的必须具有密切的关联性，明确禁止用于法定目的之外的用途。

不仅仅是指纹，随着近几年人脸识别技术的大力推广，公民人脸（肖像）也成为与特定个人相关联的，反映公民个体特征，具有可识别性的信息。因此毫无疑问，公民人脸（肖像）也是我国公民个人信息的一种，我国法律应当将其按照个人信息保护的相关规定予以相应的保护。并且，我国已明确了立法保护公民的肖像权，未经公民本人同意，不得以营利为目的使用公民的人脸肖像。

对于我国的企业而言，根据相关的法律法规，其至少应该从以下几个方面来实现对个人的生物特征识别信息的保护，当然这也是其应履行的个人信息保护义务。

首先，除却法律明确禁止采集的个人生物特征识别信息外，对于其他任何个人生物特征识别信息的收集，都应明确告知信息权利主体等个人生物特征识别信息的采集目的、使用方式、使用途径和使用范围，取得信息权利主体的明确同意，即通过与其之间的明确法律约定，来取得个人生物特征识别信息的采集权或使用权。

其次，对于个人生物特征识别信息（尤其如指纹、虹膜等敏感信息）的采集应遵循"合法、正当、必要"的原则，即如果不是为了实现核心服务功能必须采集和使用的个人生物特征识别信息，则不予采集和使用；同时在对于个人生物特征识别信息的使用、处理过程中，应注意遵从"手段和目的密切相关联"的原则，即严格限制其使用范围，仅将信息权利主体明确授权的使用目的范围之内，如以支付为目的采集的指纹仅用于支付目的，不得用于其他用途。

同时，由于个人生物特征识别数据唯一、不可消除、不可更新的特性，目前亦有专家提出了采用数据消除技术来保障个人生物特征识别信息的安全。例如，根据公开报道，谷歌计划将人脸识别技术应用到支付服务 Android Pay 中，而为了保障用户的个人信息和隐私。系统识别到用户的照片之后会立即删除用户的照片，并不会保存。

最后，企业也应建立个人信息泄露补救机制。如若发现保管的用户个人生物特征识别信息发生或者可能发生泄露、毁损、丢失的，应当立即采取补救措施；造成或者可能造成严重后果的，应当立即向准予企业许可或者备案的电信管理机构报告，配合相关部门进行调查处理。

鉴于生物特征识别信息的唯一识别性，它的使用无法接受任何去识别化处理。企业在发展生物特征识别技术时很容易收集和积累大量的个人信息，务必参考本书的介绍，采取必要的保护措施，加强员工教育，以免触犯刑法。

15.2 美国

在美国，密码有着特殊的地位，美国宪法第五修正案还特殊保护了用户的密码。Center for Democracy & Technology 首席技术家约瑟夫·洛伦佐·哈勒表示，"法律不会强迫你说出存在于大脑中的密码，但是生物识别因素不存在你大脑中。"换句话说，指纹或者其他生物特征识别码并不是你"知道"的事物，它们是你本身就拥有的，因此不受法律保护。基本而言，第五修正案不保护生物特征识别信息。"我们认为，法律应该公平对待密码和生物识别。"

截至 2018 年 2 月，美国只有伊利诺伊州、得克萨斯州和华盛顿州颁布了关于采集生物信息的具体法律（如视网膜或虹膜扫描，指纹、声纹、面部特征）。

伊利诺伊州（2008 年）、得克萨斯州（2009 年）和华盛顿州（2017 年）的法规是相似的，因为它们都规范了生物特征数据的采集、保留和使用。采集生物特征数据的实体必须通知受试者正在收集其对应的生物特征数据，并且受试者必须明确同意这种收集行为。然而，这三部法规在生物特征数据的定义、范围、手续要求以及私人诉讼可用性四个关键方面有所不同，具体区别如下所示。

1. 定义

这三部法规对生物特征数据的定义都包括视网膜或虹膜扫描信息、声纹和指纹。得克萨斯州和伊利诺伊州特别提出"手部或脸部特征"（面部扫描）。华盛顿州未规范手或脸部特征的收集，并且包含一些含糊不清的语言："生物特征识别标识符"是指通过自动测量个人生物特征（如指纹、声纹、眼睛视网膜、虹膜或用于识别特定个体的其他独特生物模式或特征）生成的数据。"生物特征识别标识符"不包括 1996 年的《联邦健康保险便携性和责任法案》规定的物理或数字照片、视频或音频记录或由此产生的数据，或收集、使用或存储用于医疗保健治疗、支付或操作的信息。虽然华盛顿明确排除其范围内的"物理或数字照片"，但法规可被解释为适用于从"物理或数字照片"生成的数据（例如，通过将面部识别应用于智能手机库中的照片而生成的数据）。这种歧义造成了面部识别的不确定性。

2. 范围

伊利诺伊州的法规不限于特定的使用类型。它适用于任何收集生物特征数据，包括商业和非商业数据。相比之下，华盛顿州和得克萨斯州只规定了用于"商业目的"的更窄范围的生物特征数据集。虽然得克萨斯没有定义"商业目的"，但华盛顿州将"商业目的"限定为：以营销商品或服务为目的向第三方销售或向第三方披露生物特征识别标识。只有在收集生物特征数据时才会触发法规，因此仅与生物特征识别应用程序或产品的功能相关的集合将不受管制。

3. 手续要求

伊利诺伊州对获得主体的同意规定了具体的手续要求：私人实体不能收集或获取任何生物特征数据，除非它满足以下三个条件：①通知主体收集到"生物特征数据标识符"；②通知受试者收集、存储和使用生物特征识别符的具体目的和期限；③该实体收到由受试者签发的书面确认文件。得克萨斯州和华盛顿州尚未对以上内容进行明确规定。华盛顿州的规定具有灵活性，其规定具体的过程要依据情境来决定。

4. 私人诉权可用性

三部法规中只有伊利诺伊州对私人诉讼行动进行了规定，得克萨斯州和华盛顿州选择将限制诉讼权限交给州检察长。

总体而言，2017 年生效的华盛顿州法规比其他两州的法规更有利于生物特征识别数据的收集。导致华盛顿州和其他两州在生物特征识别监管法规上差异的主要原因在于使用目标不同。伊利诺伊州和得克萨斯州法规的主要推动力是生物特征能够促成金融交易，例如在杂货店、加油站和学校食堂使用指纹扫描技术。这些法规是政府之前协调生物特征识别数据使用的努力的一部分，因此将其留给政府管理。华盛顿法规明确说明，华盛顿公民公开生物信息不仅仅为了商业和安全，而且考虑到便捷性。此外，最新法规中包含的手续灵活性也反映了华盛顿州立法对于生物特征识别使用者的支持。

目前，涉及生物特征识别监管的法律格局正在迅速变化。现在，美国的阿拉斯加州、康涅狄格州、亚利桑那州、加利福尼亚州、马萨诸塞州和新罕布什尔州这六个州也正在考虑颁布具体的生物特征识别隐私法案。

15.3 日本

日本法律规定，商业银行及金融机构在处理个人生物特征识别信息时，应尽可能在相关合同或协议上详细描述其使用目的及范围，以使个人得知其生物信息将被用于何种类型的业务。因此日本地区商业银行或金融机构在采集客户生物特征识别信息时，通常会告知客户其生物特征识别信息将被用在何处。例如，当金融机构在信贷业务过程中需要取得个人生物特征识别信息，需要征得客户个人的同意，方可签署协议，并对信息进行使用。商业银行与金融机构不得利用其有利的商业地位强制或变相欺骗个人同意将其敏感数据用在除授信以外的其他的业务中。

因此，日本的金融机构未经个人事先同意，不得随意处理个人生物特征识别信息。同时，处理个人生物特征识别信息的金融机构，在接管另一个金融机构的个人生物特征识别信息时，不得在未经过客户同意的情况下，处理该类信息。关于生物特征识别信息的时效性，日本法律规定，处理个人生物特征识别信息的金融机构必须确保个人生物特征识别数据在使用时是最新的。因此，日本的金融机构在采集客户的生物特征识别信息时，必须要根据客户的使用目的，来制定其要保留的个人生物特征识别信息的有效期。

15.4 新加坡

众所周知，新加坡的 AI 技术和创新性生物特征识别解决方案是较为领先的，根据 Visa 近期对生物认证支付的调查，新加坡人有约 97% 的人使用生物特征识别方法来验证身份，96% 的人使用其进行支付。可想而知，生物特征识别技术比传统密码更快、更简单，更能满足现阶段人们对高水平生活的追求。Visa 东南亚地区经理 Mandy Lamp 说："新加坡人是技术的早期使用者，他们许多人已经拥有了生物认证的经验，伴随着银行以及移动供应商所使用的生物认证解决方案的激增，新加坡人认为这些新技术给他们生活带来了很大的便捷。"虽然生物特征识别技术给我们带来了一种省心、高效的认证方案，也给我们带来了许多安全隐患问题。生物特征识别技术是很复杂，你很难仿制他人的耳朵、眼睛、步伐，所以被认为很好、很安全，但是这些生物特征识别的数据却会被"黑"掉，我们个人的隐私将会被泄露。所以生物特征识别相关的法律监管也越来越受到各个国家的高度重视。

随着网络科技的发展，世界范围内，如网络盗窃、勒索、网络间谍、银行诈骗等网络安全事件数量大增，新加坡也同样受到了严重的影响，面对日益严重的网络安全威胁，新加坡也亟须加强对网络安全的保护。

新加坡是一个高度法制化的社会，针对网络安全问题，2018 年 2 月 5 日，新加坡国会通过了《网络安全法案》，该法案旨在加强保护提供基本服务的计算机系统，防范网络攻击，主要包括四个方面内容：一是设立关键信息基础设施的监管机构；二是授权网络安全局（CSA）管理和应对网络安全威胁和事件；三是建立网络安全信息共享机制；四是对于网络安全服务提供者建立许可准入制度。

对于银行领域的金融机构，《网络安全法案》更是提供了一个重要的保护措施。几乎每个人在银行计算机系统中都有账户和密码，人们通过银行 ATM、计算机终端或手机登录网银进行交易和支付，即使到柜台办理业务，操作员也是通过计算机系统记录资金流动情况。银行的金融信息都是以数字化形式在计算机控制的网络空间中变化、流动和分布存储的。不法分子一旦利用计算机网络漏洞，对银行或金融机构计算机信息系统的数据进行删除、修改、增加等非法操作，就可以通过计算机后门程序进入网站后台修改网页源代码或加挂非法链接，那么这对银行乃至整个国家造成的损失将是不可估量的。

除此之外，针对数据泄露的情况，新加坡个人数据保护委员会（PDPC）修订了《个人数据保护法案》，来防止个人或组织信息被盗用、欺诈等非法活动。个人信息不仅包括个人姓名、身份证号、居住地址等，还包括人脸、虹膜图像、指纹等大量的生物特征数据，这些数据一旦泄露，对个人的安全性和隐私性无疑是巨大的打击。为了规范公共部门对数据的共享，政府还出台了另一项数据安全新法案，规定了政府机构共享数据的范围，同时防止数据被滥用，法案还规定了公民数据安全保证措施。对于类似这种违规行为，可能判处高达 5000 新元的罚款或者最高两年的监禁。

以上新加坡相关法律的颁布，充分说明了随着网络技术的发展以及人工智能化技术的与日俱增，人们生活水平也在不断提高，面临的各种网络安全、数据泄密问题也日益凸显，且越来越严重了，国家也越来越重视相应政策的管理及对应的法律保护。目前，新加坡的网络安全法案具体细致、可操作性较强，尽管可能存在一些难以精确定义的地方，但仍不失为一部有较强参考性和指导性的法规。

15.5 欧盟

欧盟《通用数据保护条例》（General Data Protection Regulation，GDPR）已于 2018 年 5 月 25 日生效，且适用于欧盟地区所有国家。GDPR 被称为"史上最严隐私条例"，因为 GDPR 违规最高罚金可达公司全球总收益的 4% 或 2000 万欧元（取较高值），相信任何企业都不会想试探 GDPR 的判罚底线。

《通用数据保护条例》是一套新的欧盟处理、存储和管理个人信息的指导方针。基本归结起来就是，欧盟正在对"哪些信息是否能被处理或存储，以及需要进行什么样的通知，相关个人对于他们自己的个人信息享有哪些权利"等问题进行强加规定和限制。

值得注意的是，GDPR 并非仅仅约束欧盟地区的企业，事实上任何与欧盟监管下的客户进行的业务，都需要遵守 GDPR，任何存储或处理欧盟国家内有关欧盟公民个人信息的公司，即使在欧盟境内没有业务存在，也必须遵守 GDPR。这些公司主要条件包括：在欧盟境内拥有业务；在欧盟境内没有业务，但是存储或处理欧盟公民的个人信息；超过 250 名员工；少于 250 名员工，但是其数据处理方式影响数据主体的权利和隐私，或是包含某些类型的敏感个人数据。这也就意味着，GDPR 几乎适用于所有的公司。

与 1995 年施行的《个人数据保护法》(Personal Data Protection Act，DPA) 相比，GDPR 明确规定敏感数据包括基因数据和生物特征识别数据。此外，处理照片并不当然地被认为是处理个人敏感数据。仅在通过特定技术方法对照片进行处理，使其能够识别或认证特定自然人时，照片才被认为是生物特征识别数据。

GDPR 参照成员国法作为数据处理的法律依据，同时，GDPR 允许欧盟成员国维持或引入更多条件，包括关于处理基因数据、生物特征识别数据或健康数据的限制。因此，在这些方面，成员国之间的分歧可能会继续存在，也可能会进一步加深。最近，荷兰政府发布了一项对于实施法案的提议。根据本实施法案，处理个人敏感数据的条件仍与 DPA 的规定相似。当个人数据的处理可能给数据主体的权利或自由造成高风险时，相关组织有义务进行隐私影响评估（privacy impact assessment，PIA）。PIA 的目的是识别此类高风险以及制定应对风险的措施，PIA 必须在处理开始之前进行。

第 16 章

生物特征识别技术应用实践思考与建议

16.1 生物特征识别技术应用前景

生物特征识别技术的发展方兴未艾，随着该技术的不断完善，其代替传统身份鉴别方式已经成为无法忽视的主要趋势。近年来，各金融领域纷纷试水生物特征识别技术，并逐渐扩大其在客户身份认证、金融支付等领域的应用，然而其中存在的一些问题也浮出水面，最为人关注的就是生物特征数据的安全性和隐私性问题。

生物特征识别系统通常都包含一个大型的生物特征数据库，各金融领域目前对数据库存储的内容各有差异，部分银行仅存储经生物特征识别算法加工后的生物特征值，而部分银行存储着原始采集的图像或信息数据。经特定算法加工的特征数据由于算法本身的复杂性，无法保证从技术层面反编译原始图像，现阶段也没有类似的案件发生，而原始采集图像或信息数据则纯属于个人隐私信息，这些数据一旦泄露，对个人的安全性和隐私性无疑会造成巨大的损失。

作为互联网时代的衍生技术，生物特征识别已经悄然进入金融领域的各身份识别服务领域，并在国际上有了成功的应用。生物特征识别技术的应用不再局限于身份认证领域，伴随支付方式多样化、个性化和便捷化的发展，生物特征也在由"支付密码"向"支付账户"转变，并将不断向对私信贷全流程、对公业务等领域不断扩展。我们可以大胆假设，如果在支付前先将生物特征与银行卡等其他个人账户进行关联，设定了单笔的最高消费限额，那么消费者在进行消费时就不需要再携带现金、银行卡或手机，只要直接扫描生物特征并通过辅助输入相关密码，即可以完成交易的结算。在监管立法日益完善的基础上，在国家大力鼓励创新的春风里，目前不论是传统金融机构，还是互联网金融公司，都在加快生物特征识别场景的孵化和技术的转化，生物特征识别技术未来的应用前景十分广阔。

16.2　客户可接受程度分析

客户不接受生物特征识别技术，归根结底可以分为以下三个原因：一是用户对于新兴事物缺乏快速接受的能力，对于新兴的生物特征识别技术存在恐惧感，觉得生物特征识别技术会伤害到自己，这一点尤其体现在老年用户身上；二是由于生物特征本身的不可更改的特性，不像密码一样随时可以更改，用户担心自己的生物特征被识别以后会被银行存储并向外部泄露，因此不愿意过多尝试生物特征识别；三是可靠性问题，现在生物特征识别技术相对于原有的密码，在应用方面还不成熟，识别设备经常损坏，识别算法还有上升空间，这都会导致客户不信任银行业使用的生物特征识别技术。

1. 客户对于新兴生物特征识别技术的"恐惧"

其实，目前在银行业的应用中，大部分的生物特征识别技术，例如指纹、声纹之类，都是很安全的，用户也对这些识别手段感到放心。但是，诸如虹膜、静脉等识别手段，由于涉及照射等容易让用户联想到某些危险、对人体有害的方式，例如体检常用的 X 光照射等，用户就不太敢尝试了。这些新闻上对生物特征识别技术的负面消息，也会加大用户对识别技术的恐惧感。比如，有三星 S8 用户爆出使用三星手机自带的虹膜识别功能后，感觉视力明显下降。而事实是，虹膜在一定波长的红外光（一般为 700 ～ 900 纳米）照射下，总体上呈现一种由里到外的放射状结构，包含许多相互交错的类似于斑点、条纹、隐窝等形状的细微结构。通常，我们将这些细微特征称为虹膜的纹理特征。虹膜识别技术中应用的近红外光源，照射到眼睛的光线强度，只有 IEC 62471 生物安全检测标准规定的光强的 1/10，远远低于安全门限，不会对眼睛造成伤害。使用 10 万次的辐射远小于打 1 分钟电话的辐射强度。光照强度跟自然光差不多。所以，虹膜识别虽有对人眼的"伤害"，但伤害却微乎其微。

因此，在生物特征识别技术安全性还没有完全普及的情况下，随着这些媒体的捕风捉影，在用户眼中其对人体的安全性必将大打折扣。为"暂时性地"避免这一问题，银行在生物特征识别技术发展到的这一阶段，或需要考虑尽量减少使用此类"会对人体造成伤害"的识别方式，而采用一些既被大众信任，又没有广泛应用的识别技术，例如声纹、人脸识别技术等。

2. 生物特征隐私权、盗取等问题

无论在哪个行业应用，生物特征识别信息都与个人之生理或行为高度相关，尤为敏感，一旦处理不当，即可能引发诸多风险。主要隐私风险为：一是未经授权的或不必要的收集。采集生物信息时未经信息主体知情或同意，或没有明确目的以致范围无端扩大。二是未经授权之使用或披露。未经信息主体明确许可即为收集目的之外的目的使用该信息，或将该生物信息予以共享或传输。三是样本镜像之重建。今后可能利用模板内数据重建原来的影像或记录，而样本显然能透露更多信息，如性别、种族。四是采用唯一标识符。唯一标识符可能被用来连接不同数据库以追踪信息主体，并合并各数据库中的不同个人信息，以便进行监视或社会防控。五是不当比对。可能导致生理歧视，也可能违背无罪推定，引发自证其罪的风险。六是错误匹配。可能使本无权（或有权）进入系统者因被误认为他人而得以（或无法）进入，以致某些信息或利益被错误的人获得。七是不当储存或不当传输。根据逻辑相近关系将生物信息与其他个人信息（如姓名、地址）集中存储或一并传输，可能形成个人的完整资料，一旦泄露或被窃，后果不堪设想。八是功能蠕变。在应用生物特征识别技术或信息时，其目的逐渐超出原先之意图或范围，将引起更为广泛的问题。

虽然科研公司在采集客户生物特征信息时都有相对较好的保护机制，也会对敏感隐私信息做脱敏处理。但是如果生物特征识别信息大规模泄露并被不法分子利用，可能会引发非常严重的后果。以往对于个人账户的认证措施是设定密码，当密码被其他人知道时，可以通过重新设置密码来夺回自主认证权。但自己的指纹、掌纹、虹膜等信息被外泄或被第三方盗用时，由于生物特征是先天形成的，用户是无法重新设置生物特征信息的。针对这些隐私风险，银行不但应该潜移默化地培养用户的信任感，让他们相信银行不会把这些隐私信息透露给别的机构，同时银行也应该从自身做起，加强自身对此类隐私信息的管理和使用。不外泄、不透露，这才能让用户真正抓不到"把柄"，从而放心地"将自己的隐私信息交给银行保管"。

3. 生物特征识别可靠性

对美国电子邮件用户的一项调查显示，在 1000 多万个 18 周岁以上的调查者中，大约只有一半（58%）的用户喜欢通过视网膜扫描或者指纹识别这样生物验证方式来保护自己的隐私安全，而还有相当数量的用户倾向于使用密码，甚至还有用户在使用"1234"这样安全系数很低的密码组合。究其原因，是因为这些用户认为，使用传统密码的方式更为简单、效率更加高，也更容易被他们接受。而生物特征识别技术刚刚兴起，市场上生产厂家都刚起步，其生产出来的产品或多或少都有着这样或那样的问题，导致识别间隔过长、识别准确率低等问题。

从不同的识别方式上来说，例如目前最常用的指纹识别，设备价格相对便宜，功能性较强，也是非常可靠的一种验证方式。然而，指纹识别仍然对一些困难手指（脱皮等）"无计可施"，识别条件（潮湿手指等）也对其有很大限制。又比如人脸识别，它是非接触识别，极具友好性和便利性，也是一个利用摄像头的更好方式；它可以广泛应用到各种环境中，包括建筑工地、移动设备、网站登录等，甚至不需要专门的硬件支持。但在 2017 年的"3·15"晚会上，央视直接报道了人脸识别被破解、被攻击的各种新闻，这在极大程度上造成了公众用户对于人脸识别这项技术的不信任，甚至对其他生物特征识别技术也"疏远"起来。人脸识别推广应用以来，不时有黑客借助照片，通过车站、机场等人脸识别系统验证的事件。这虽然和管理不善等人为因素有关系，但也说明，某些场景下单纯的技术应用是不够的，还需要结合与其相适应的管理措施。此外，人脸识别还受制于光线亮度和"观看"对象的状态。比如，光线不足，或对象处于运动状态，识别能力就将大打折扣。

生物特征识别技术遇到的此类问题，只能通过算法的不断改进和机器学习能力的增强来逐渐提高生物特征识别技术的可靠性。银行业若要应用生物特征识别技术，一定要考虑到各生物特征识别技术的可靠性，如何让生物特征识别技术在银行业的应用中更加"靠谱"，而不是不时地出错或"罢工"，这也是银行要考虑的问题。

由于银行业在风险管控上对识别精度有很高的要求，生物特征识别技术的可靠性应和实际存在的极端场景互相结合考虑。在出现双胞胎的情况下，如果使用单纯的人脸识别技术将有较大概率出现误判。因此，生物验证环节通过结合其他生物特征识别因子进行交叉验证，如人脸＋虹膜等，可以有效降低误识别率。除此之外，活体检测也是生物特征识别中一个重要的认证环节。如何在人脸识别中有效分辨是真人互动，还是照片或视频流文件，是应用生物特征识别技术时需要关注和解决的问题。

16.3　金融领域应用合理性分析

16.3.1　现阶段在金融身份验证领域的应用较为合理

身份验证是金融领域以及征信领域的重点关注问题，主要涉及的基本服务有：金融领域的实名制开户、远程开户、支付及信贷交易等，但可用于金融领域身份认证系统——国内央行的个人金融信用信息数据库，该库中只有 3 亿多人的征信信息（仅录入有信贷记录的个人的信息），所以需要更具包容性的身份认证技术来为金融服务的普及宣传提供良好的基础设施。此外，互联网金融和普惠金融发展得更快，由于安全性和效率方面的原因，传统的身份认证技术已经无法满足当前金融环境的基本需求，需要更方便的身份识别方法，生物特征识别技术就为此提供了可能。例如，生物特征识别技术现在可以用作辅助开户手段，并且可以在进一步成熟发展后使远程开户成为可能。

银行账户应根据业务的不同风险来进行分类管理，可以选择诸如指纹、人脸、虹膜、静脉、声纹或掌纹等人体生物特征，作为用于访问银行账户信息的身份认证，这比使用单一的数字密码更安全。然而任何生物特征识别技术都不是十全十美的，并且都具有一定的错误率。为了更进一步提高银行金融信息的安全级别，尽可能降低错误率，同时也为了能更有效地防止恶意攻击，银行等重要部门的访问控制身份认证也应该逐渐关注多模态特征融合识别方法，比如指纹与指静脉融合、人脸与虹膜融合、指纹与人脸融合等。这种不同生物特征互补的多因子融合，不仅可以提高识别准确率，还可以提高防伪能力。以指纹与指静脉融合识别为例，表皮的指纹特征与内在的指静脉特征采集部位相同，而且采集方式相似，高度相关。由于指纹和指静脉都不易使用的可能性很小，因此指纹识别效果不令人满意的人，一般可以通过指静脉识别来补充。指静脉不易被损坏，脱离了人体的指静脉将失去其活体特性，因此，指纹与指静脉的融合可以有效地提高识别性能和活体鉴别能力。生物特征活体识别也可以采用人机随机交互来响应计算机发出的随机指令。例如，可以随机指定眨眼次数，或者随机要求说出指定的语音等，以达到现场证明是活体的目的。

16.3.2　应用场景的差异化要求使用不同的生物特征识别技术

1. 身份认证要求高的应用场景

如远程开结算账户这类需要远程进行身份认证的业务风险高，另外还受监管要求，所以至少需要"隔空面鉴"的过程，同时为了防止"眼见不一定为实"的风险，可以通过指纹或指静脉 + 人脸 + 声纹的方式进行认证。由于人脸和声纹均采用的是非接触性的验证方式，使用方便，便于客户接受，且不影响客户体验，因此是一种非常安全又实用的多重验证方式。

金融领域的一些特殊区域（如金库、枪械库、保管箱存放室等）都有强制性规定，只允许特定的人群进入，进行某些特定的操作，然而以前的门禁、考勤及监控都难以保障。通过指静脉 + 人脸 + 声纹几种认证方式的结合进行验证，则可以解决之前遇到的各种难题。

2. 身份认证要求较高的应用场景

P2P 双方相互身份识别可以采用人脸 + 声纹识别的验证方式，不仅有影像记录，而且还适用于移动端。

用于取款、转账及电子银行大额转账的自助机具有较高的风险，因此可以在原始密码的基础上增加人脸或指静脉＋声纹或人脸＋声纹技术。其中人脸属于非接触式、非强制式验证方式，可灵活使用。当人脸匹配大于阈值时不执行任何操作，当人脸匹配低于阈值时则需要增加指静脉或声纹验证技术，通过后才可以继续进行交易。

3. 身份认证要求一般的应用场景

例如，风险评估、银行卡绑定、理财购买/赎回、小额支付等具有较低的业务风险系数，如果增加口令、U 盾或其他控件的控制则会影响客户体验，降低交易率；如果完全不控制，又可能会出现诸如"如意积存金"的事件。在这种情况下，可以选择单个的指纹/指静脉、人脸或声纹进行认证，这样既可承担监管责任，又几乎不影响客户的体验。

目前，柜台仍然采用传统的人工判断模式来验证人的身份，由于柜员会受到经验和心理等因素的影响，传统的认证方式会存在着较大风险，大量的统计实验已证明，人脸识别系统判断的准确率比人眼高，如果将其应用于柜台与人工验证，将大大降低柜台交易的风险，并提高业务的准确性。

现在电子银行登录，仍然是采用账号＋密码的方式，存在容易忘记等问题，并且由于网络安全及周围环境的关系，密码很容易被他人窃取。如果增加指纹/指静脉、人脸或声纹作为辅助验证的方式，则会更加安全。

日常考勤、普通区域的门禁是日常工作中最为常见的验证场景，基本没有什么风险，因此可以根据具体的情况选择诸如指纹、人脸、指静脉中的任何一种方式。

4. 营销效率提升的应用场景

（1）**精准营销**。目前，市场上已经有公司研发出了用户识别管理系统，并试用在商业银行网点场景中。该系统不但有"迎宾"功能，还可以为客户经理个性化定制营销方案。这在一定程度上改善了传统营业网点对原有 VIP 功能营销模式的不足，并实现了精准营销。

（2）**移动营销**。商业银行可以自主搭建移动客户平台，客户经理能够以该移动平台为基准，以 Pad 等终端为载体，在网点外部用最快的速度受理客户的信用卡申请。现场营销应到周边人员密集的场所、小区进行，可以处理原来只能在柜台办理

的风险评估、理财等业务，这也不失为一种新的移动营销场景。

然而，基于生物特征识别技术的安全认证方式的推广不代表需要摒弃金融行业内传统的可靠的安全认证方式，例如口令、U盾、卡片、电子密码器等，可以根据需要与多重生物认证平台进行结合使用，认证效果将会更加完善。

16.4 目前商业银行生物特征数据的保存方式及建议

使用生物身份特征进行信息的防护，需要重视对生物特征数据的安全保护。尤其在互联网上应用生物特征识别技术，需要做到特征数据的安全防护。不建议用远程方式传输个人生物特征数据，提倡生物特征识别数据在本系统内处理，不输出不保留（实在需保留要有加密方式），吸取韩国在生物特征泄露事件的教训。

目前在金融领域对于生物特征信息留存有以下方案。

（1）采用后端服务作为接口提供方，不提供对前端的特征值维度比对接口，也不提供对前端的特征值查询接口，前端上送影像的ID给后端服务，由后端查询影像系统获取生物源数据，因此不存在生物特征值暴露在互联网上的风险，保证了客户生物特征信息的安全性。另外，对于业务需要留存在数据库的特征信息，采用后端服务直连识别引擎对原始数据提取特征，存储的特征信息留存在数据库中，与客户的姓名、证件类型、证件号三要素关联，根据不同的识别因子存储在不同的数据库表中，数据库是内网的，与外网物理隔离不存在盗取的可能。

此外，生物特征的原始数据，如人脸图片，采用软加密的方式暂存在NAS共享存储，保留一天，提高同一天内客户多次发起交易的访问效率，同时加密存储的方式保证了数据的安全，这部分的特征信息未与客户三要素关联，只是通过图片唯一编号区分不同影像，不能从这部分加密数据还原出客户信息，不存在风险。

（2）特征信息采用NAS存储方式，不加密，此方式在联机交易中虽然可以减小一部分加密算法的开销，但是不加密的图像文件是不安全的，一旦泄露，不法分子就可以直观地获取到客户的生物数据，所以不建议采用该方式暂存。

16.5　金融领域应用安全风险分析

2017年9月中旬是国家网络安全宣传周，宣传周的网络安全专家在接受媒体采访时表示"生物特征识别不能保障绝对安全"。这也是生物特征识别技术在市场上的真实情况。这些年来，随着生物特征识别技术的演变和发展，生物特征识别的准确率已显著提高，可达90%。在相对安全和封闭的局域网环境中，这种技术被广泛使用，例如银行、企业、机场都在尝试。但是如果将其作为互联网在线认证方法，那么生物特征识别仍存在缺陷。不管是指纹、脸部还是虹膜，在互联网环境下，它都会转化成数字进行通信，只要它是数字，就将不可避免地面临着被模仿和复制的风险。此外，生物特征识别技术还有一个缺点，即不能撤销。我们每个人都只有一张脸、两个虹膜和十根手指，一旦被泄露，几乎没有改变的余地，这就是为什么需要通过更先进的技术来确保生物特征信息处在安全的环境中。

同时，不同的生物特征识别技术在生物特征识别技术的应用也有不同的安全性。拿指纹识别来说，指纹具有唯一性，但指纹在生活中太常见，手会和各种东西接触，手指皮肤分泌出的化学物质，会在各式各样的环境下留下指纹，让攻击者有条件窃取并伪造。然而通过平面指纹重新生成立体指纹的成本很高。所以在大部分情况下，指纹识别还是比较安全的。不过，指纹具有受迫验证，也就是说很容易被迫验证，比如当被人挟持威胁的时候，犯罪分子很可能用受害者的手指进行强行验证，这比强迫受害者说出密码代价要小。但在目前考虑成本的情况下，使用光学指纹头采集，容易出现造假的问题。此外，还存在隐私问题，指纹作为身体部分，还涵盖许多个人信息。还有，在指纹识别技术中要求指纹必须清晰，而在一些行业，如建筑、木工等的人的指纹常常被损坏，指纹识别也因此存在缺陷。

而人脸与指纹不同，人脸具有相似性，且人脸识别存在被人脸攻击的隐患，因此人脸识别不适合作为支付认证的唯一手段。人脸识别的识别率以及安全性尚未达到作为直接身份认证手段的要求，对于支付、实名开立结算账户等对身份认证要求较高的业务，其只能作为辅助手段，需结合其他如密码等手段来核实身份。另外，人脸识别的准确度容易受表情、角度、光线、化妆等因素影响。人脸的相似性以及妆容的特殊情况也会对人脸识别的准确度造成一定的影响。人脸是存在相似的情况的，特别是双胞胎在人脸特征方面相似性很高。光线也会影响识别结果；化妆和整容会破坏人脸特征的提取和识别。2017 年中央电视台的"3·15"晚会，人脸识别也被曝存在安全威胁。例如，双胞胎的人脸识别，或是由他人戴上面具，都可以破解人脸识别系统。这些问题给人脸识别带来了新的挑战。不过随着人脸识别算法的不断优化，这项技术必将成熟，安全可靠性在将来也必然会越来越高。

综上所述，人脸识别应用确实存在一定风险：首先，人脸基本上没有变化，且人脸信息很容易在公共场合获取，国外媒体曾报道过，可以通过预先获取的人脸视频绕过人脸识别，所以通过动动眼睛、摇摇头的方式进行活体检测并不是最安全的验证方式；其次，人脸识别匹配实际上是将你当前的人脸照片与预设的照片进行匹配的过程，是否匹配是由一个相似度阈值来定义的，如果两个人相似程度是 98%，而阈值是 97%，则判断为通过，这就是无法识别同卵双胞胎差异性的根本原因。

虹膜识别的理论识别准确率高达百万分之一，但是银行业的安全性要求很高，也要将小概率事件考虑进来。而且虹膜特征不可修改，一方面保证了虹膜的安全性；另一方面可能的情况是一旦客户的虹膜特征被泄露就会造成客户隐私不可逆的泄露和侵害。但银行采用生物特征识别技术的一个重要目的是提升客户的友好度和体验，在友好度方面虹膜识别则存在这几个问题：需采用专门的摄像机进行采集，为提升采集准确率和效率，还需加红外光源；虹膜采集的距离虽然大大增加，但是仍然需要一定的配合；在有彩色隐形眼镜、白内障或者年纪较大的情况下，虹膜采集的成功率将大大降低。虹膜识别的成本比指纹识别的成本较高，这需要进一步的产业化、规模化来稀释。

在声纹识别方面，因为每个人的声纹特征有与其他人是不同的这个唯一性，不容易伪造和假冒，因此采用声纹识别技术进行身份认证，准确、安全、可靠。每个人的声音频率都不相同，哪怕声音被复制，由于复制过程中的干扰信息，复制出来的声音也会与被复制人的原声音有很大的不同，这也是声纹识别技术相比于其他识别技术最大的优势。因此声纹识别技术的安全性非常高。声纹识别技术在快速发展的同时，也将面临巨大的制约因素，主要体现在以下两方面。第一，多元化的交错发展。声纹识别技术与互联网、物联网的交叉逐渐成为各行业关注的焦点。在融合各项声纹识别技术的过程中，应用会难以避免地出现问题。第二，识别算法的进一步提升和优化。虽然声纹识别技术在金融支付领域具有广阔的应用市场，但仍需要提高准确率。据统计，声纹识别支付的平均准确率是96%，有4%的特征匹配失败，当声纹特征匹配失败时，仍然需要数字密码作为辅助手段。

静脉则是身体内部信息：静脉位于表皮、真皮和皮下组织之下；大多数人手背和手腕部位都有明显的静脉，近红外光源可以采集不可见静脉。而且每个人的静脉是不同的，永久性的：静脉模式是由DNA决定的，血管的粗细和皮肤的特征会随着年龄的变化而变化，但静脉特征不变。左手和右手的静脉是不同的，手腕、手背和手指等各个部位的静脉也是不相同的，双胞胎也彼此不同。因此，静脉识别技术在银行业运用中，安全性也较高。虽然手指静脉识别技术具有高安全性、高准确率等优势，但手指静脉在采集时不能像人脸或步态那样可以通过一种隐蔽的方式收集，使得它在特定领域的应用受到了一定的约束。受到硬件设备的影响，静脉识别的相关设备还无法和手机终端进行良好的融合。

再谈谈心率识别：尽管心率识别技术具有安全性、便捷性两大优点，但目前心率识别由于一些原因，在银行业验证用户身份的应用当中受到一定的局限性。例如，心率识别的精确度有待提高，特别是光电方式的检测；未出现可靠的心率识别方案；心率识别的唯一性有待验证，因为每个人在不同状态环境下，心率是不一样的。这些制约因素都是心率识别技术得不到银行业广泛应用的重要原因。

与现有的数字密码方式相比，生物特征识别技术具有良好的防伪性能、强大的隐私性、随身"携带"等优点，绝对是一种更安全的技术。然而，现有的生物特征识别技术尚未完全成熟：在物理层面，由于个人数据被滥用，其可能会被恶意"复制"；从技术上讲，现有的技术还需要更多安全验证，才可以在银行业被进一步推广。包括人脸识别、虹膜识别、指纹识别在内的生物特征识别技术都有类似的安全性问题，只要银行业系统存在漏洞，都可以被攻破。

从另一个角度来说，生物特征识别技术又存在以下安全风险。

（1）**传输风险**。在互联网环境中，生物标识必然转换为数字标识，然后通过网络进行传输。而传输过程与其他的网络应用一样，面临着窃听的风险，这降低了它极其稳定的安全性。从这个角度看，它与一般的密码一样，在安全性上并无区别。

（2）**不可撤销性。**生物特征识别最大的弊端是它的不可撤销性。简单地说，如果你发现你的某个密码存在风险，你可以马上更改它。但如果你的指纹、虹膜、脸型扫描被窃取了，你几乎是永远无法撤销或者追回了！它会成为互联网上你的一个"器官"，被打包出卖、转售；在世界各个角落的组织、黑客，会从各种角度来分析、利用和消费它，直到你个体的消亡。

（3）**准确性和唯一性。**目前，很多的生物特征识别应用都号称它的准确性达到新高度。这一说法并不完全正确，或者说准确性并不能代表它的安全性。

从技术上看，一些人脸识别算法是提取人脸各处的高度、眉毛宽度、间距、眼睛定位、间距等信息进行三维建模。指纹识别算法是取指纹中多个点的脊线和谷线，以及走向，经过方向图计算、图像增强、二值化和细化等步骤进行建模。

（4）**生物特征识别的乱用。**一些企业除使用生物特征识别作为身份认证外，也把它当成身份管理标识，其风险在于，如果把身份认证比喻为密码，那么身份管理就是身份证和银行卡，如果混淆了二者，就相当把身份证、银行卡和密码同时提供给对方。

（5）**对生物特征识别的利用仍没有完善的技术标准和法规。**信用卡如果知道卡号、有效期和相关的隐私信息，无须密码就可以完成支付。同样，企业是否可以存储用户生物特征识别特征仍待明确。

结　束　语

　　本书对主流生物特征识别技术，包括指纹识别、静脉识别、人脸识别、虹膜识别等，从在技术特征、安全风险等方面入手进行了全面分析研究，从使用成熟度、安全性、便捷性等不同维度对各生物特征识别技术进行了比较，结合银行业务场景，分析生物特征识别技术在不同场景下的应用，分析生物特征识别技术在金融领域的发展及应用方向。本书一是**建立了首个生物特征识别技术在金融领域的评价体系**。根据不同生物特征识别技术特性，设计生物特征识别模式筛选评价体系，该评价体系满足易用性、受时间和环境的影响程度、准确性及成本四种选择标准，评价体系分别从业务应用筛选、生物特征识别技术供应商算法评测两个维度进行全面设计，符合金融领域应用的需求，有较高的推广应用价值。二是**建立了一套完整的生物特征信息质量规范**。通过分析研究及与外部研究机构、行业联盟、标准制定机构的交流合作，参考业界标准，对采集的生物特征信息质量进行了规范，有助于提升生物特征识别系统的稳定性与准确性，为金融领域落地生物特征识别技术应用场景提供了特征标准化的意见建议，具备较高的推广价值。三是**总结了生物特征识别平台及其渠道应用实践研究**。通过搭建适用于大型金融领域应用的集中式系统架构，在架构中建立了多渠道接入、支持多模态、可扩展的统一身份认证平台，实现生物特征提取、识别、认证均集中处理，实现用户身份的安全便捷、真实、准确的认证，该平台可兼容不同的生物特征识别技术及算法，面向不同的金融渠道及应用系统提供统一的应用服务。同时，通过生物特征识别技术应用评价体系的验证，选择合理的生物特征识别方式在智能柜台、移动终端、智能机器人、柜面等渠道开展应用原型的研究。四是**开展了生物特征识别系统安全性综合分析**。针对客户生物信息的安全性、隐私性，开展生物特征识别系统安全技术分析，分别从采集安全、传输安全、存储安全三个角度进行了系统性介绍，其中采集安全涵盖了目前业内主流的活体检测技术分析，为金融领域进行系统安全研究与实践提供有效支持。

同时，我们也深知，生物特征识别是人工智能的一个重要领域，未来的世界将会有越来越多的人工智能技术应用于我们现在可以预见的以及无法预见的各个领域。本书仅以绵薄之力，希望能够给关注金融领域生物特征识别技术及应用的读者，带来一些启发和帮助。后续，我们在进一步开展相关技术及应用研究的过程中，需在广度、深度等层面深入关注生物特征识别技术的发展，并就本身业务发展的需求，分析实际应用的需要，共同促进我国金融业务与信息科技的协调发展，为推动和促进信息安全领域的建设贡献力量。

参 考 文 献

［1］ 张翠平，苏光大.人脸识别技术综述［J］.中国图象图形学报，2000（11）：7-16.

［2］ 左腾.人脸识别技术综述［J］.软件导刊，2017，16（2）：182-185.

［3］ 谢兰迟，王俊娟，黎智辉，等.基于三种类型图像数据的人脸识别测试［J］.刑事技术，2016，41（6）：442-445.

［4］ 严严，陈日伟，王菡子.基于深度学习的人脸分析研究进展［J］.厦门大学学报（自然版），2017，56（1）：13-24.

［5］ 汪海洋.人脸识别技术的发展与展望［J］.中国安防，2015（21）：62-65.

［6］ 张文彬.人脸识别技术在互联网金融行业中的应用［J］.电子技术与软件工程，2017（1）：156-157.

［7］ 李子青.人脸识别结合视频监控 看公安与金融市场应用［J］.中国安防，2015（15）：35-38.

［8］ 苏楠，吴冰，徐伟，等.人脸识别综合技术的发展［J］.信息安全研究，2016，2（1）：33-39.

［9］ 尹萍，赵亚丽.视频监控中人脸识别现状与关键技术课题［J］.警察技术，2016（3）：77-80.

［10］ DAUGMAN J.虹膜识别技术与虹膜扫描技术［J］.金卡工程，2003（5）：49-50.

［11］ GREENBERG C S, STANFORD V M, MARTIN A F, et al. The 2012 NIST Speaker Recognition Evaluation［J］.INTERSPEECH, 2013（11）：1971-1975.

［12］ 常卫东，刘完芳，鄢喜爱，等.虹膜识别的研究现状与发展趋势［J］.中国科技信息，2007（1）：246-247.

［13］ 彭弘婧.虹膜识别技术发展概述［J］.科技广场，2014（11）：104-106.

［14］ 李海青，孙哲南，谭铁牛，等.虹膜识别技术进展与趋势［J］.信息安全研究，2016，2（1）：40-43.

［15］ 孙哲南，谭铁牛.虹膜识别研究与应用综述［J］.自动化博览，2005，22（2）：25-26.

［16］ 赵士伟，王月明，周千里，等.虹膜识别技术在公安领域中的应用思考［J］.警察技术，2015（3）：85-87.

［17］ 卢珊，赵强，刘丽萍.虹膜识别算法的应用研究［J］.计算机仿真，2011，28（3）：313-316.

［18］ MARTIN A F, GREENBERG C S, STANFORD V M, et al. Performance Factor Analysis for the 2012 NIST Speaker Recognition Evaluation［J］.Geoscience & Remote Sensing Symposium，2011：605-608.

［19］ 殷兵.NIST 说话人识别评测进展综述［J］.全国声像，2011（10）：635-641.

［20］ 张圣，郭武.采用通用语音属性建模的说话人确认［J］.小型微型计算机系统，2016，37（11）：2577-2581.

［21］ 吴震东，潘树诚，章坚武.基于 CNN 的连续语音说话人声纹识别［J］.电信科学，2017，33（3）：59-66.

［22］ 郑方，李蓝天，张慧，等.声纹识别技术及其应用现状［J］.信息安全研究，2016，2（1）：44-57.

［23］ 孙贻滋，黄大干，高继斌.声纹识别技术在电子银行领域的应用［J］.金融科技时代，2013（3）：60-62.

［24］ SAPKALE M, RAJBHOJ S M. A finger vein recognition system［C］. Advances in Signal Processing，2016（2）：306-310.

［25］ QIN H，El-YACOUBI M A. Deep Representation-Based Feature Extraction and Recovering for Finger-Vein Verification［J］. IEEE Transactions on Information Forensics & Security，2017，12（8）：1816-1829.

［26］ YE Y, LIAO N, HE Z, et al. FVRC2016: The 2nd Finger Vein Recognition Competition［C］. International Conference on Biometrics，2016（2）：1-6.

［27］ HOSHYAR A N, SULAIMAN R. Review on Finger Vein Authentication System by Applying Neural Network［J］. Information Technology，2010（2）：1020-1023.

［28］ RAN X, LIAO N, LI W. The ICB-2015 Competition on Finger Vein Recognition［C］. International Conference on Biometrics，2015（3）：85-89.

［29］ 秦斌.手静脉身份识别技术［J］.现代电子技术，2011，34（4）：169-174.

［30］ 汤露.手指静脉身份识别技术综述［J］.信息系统工程，2015（7）：135-138.

［31］ 秦德虎.指静脉识别技术的最新发展与应用［J］.中国安防，2014（11）：59-63.

［32］ 邱建华，徐伟，王亚菲.指静脉识别技术应用研究［J］.信息安全研究，2016，2（1）：86-92.

［33］ 尹义龙，杨公平，杨璐.指静脉识别研究综述［J］.数据采集与处理，2015，30（5）：933-939.

［34］ 董明.指纹识别技术发展综述［J］.中国科技信息，2011（13）：70-70.

［35］ 王曙光.指纹识别技术综述［J］.信息安全研究，2016，2（4）：343-355.

［36］ 郑方，艾斯卡尔·肉孜，王仁宇，等.生物特征识别技术综述［J］.信息安全研究，2016，2（1）：12-26.

［37］ 赵士伟，张如彩，王月明，等.生物特征识别技术综述［J］.中国安防，2015，29（7）：79-86.

［38］ 毛巨勇.渐入佳境强者为王——2016 年中国生物识别市场发展回望［J］.中国安防，2017（1）：36-40.

［39］ 侯鸿川，王生进，郑方，等.生物识别技术在互联网与金融行业的应用研究［J］.金融电

子化，2016（4）：58-62.

［40］　卢世军.生物特征识别技术发展与应用综述［J］.计算机安全，2013（1）：63-67.

［41］　霍红文，夏娣娜，冯敬.生物特征识别系统安全性分析［J］.信息技术与标准化，2013
（4）：50-53.

［42］　陈曦，李彬，岳峰.生物识别中的活体检测技术综述［C］.第三十四届中国控制会议论
文集C卷：420-427.

［43］　马小晴，桑庆兵.基于LBP和深度学习的手写签名识别算法［J］.量子电子学报，2017，
34（1）：23-31.

［44］　易彬，胡晓勤.基于加权贝叶斯的击键特征身份识别［J］.现代计算机（专业版），2015
（5）：15-19.

［45］　宋梦玲，胡晓勤.基于加权相对距离的自由文本击键特征认证识别方法［J］.现代计算机
（专业版），2016（4）：7-11.

［46］　文炜伍，王洪革，宋晓雪.计算机汉字识别和静态手写汉字签名鉴定技术综述［J］.长春
师范大学学报，2012，31（6）：27-30.

［47］　张楠.“生物支付”：金融行业的生物识别技术［J］.保密科学技术，2015（5）：69-70.

［48］　贺倩.基于生物识别技术的身份管理与认证研究［J］.电信网技术，2015，11（11）：14-17.

［49］　喻凌云.基于生物特征识别技术的金融安全理论与方法研究［D］.中南大学，2012.

［50］　蒋颖.金融自助服务领域生物识别技术可用性研究［D］.大连海事大学，2007.

［51］　广西农村金融学会秘书处.农业银行向商业银行转轨课题研究报告［J］.广西金融研究，
1996（S1）：46-51.

［52］　宋丹，黄旭，谢尔曼.生物识别：从身份认证走向金融支付［N］.上海证券报，2015-12-
29（9）.

［53］　陈继东.生物识别技术保障互联网金融稳健创新［J］.金融电子化，2016（4）：69-71.

［54］　宋丹，黄旭.生物识别技术及其在金融支付安全领域的应用［J］.信息安全研究，2016
（1）：27-32.

［55］　戚爽.生物识别技术在互联网金融安全认证领域的应用［J］.产业与科技论坛，2015，14
（22）：49-50.

［56］　李兴达，陆燕.生物识别支付将为互联网金融带来新活力［M］.北京：人民邮电出版社，
2014.

［57］　廖敏飞，黄瑞吟，刘丽娟.生物识别技术在金融行业的应用现状与前景分析［J］.金融电
子化，2016（4）：63-65.

［58］　孙得才，于淑琴.生物识别技术在客户身份识别当中的作用与风险［J］.时代金融，2016，
6（628）：83-84.

［59］　刘新海，马荣梁.声纹验证及其在金融领域的应用与挑战［J］.清华金融评论，2016（1）：
97-100.

［60］　季小杰.金融领域仅靠生物识别技术还不成熟［J］.金卡工程，2015（5）：7.

［61］　陈增圭.重视生物认证走出密码时代——生物识别技术在金融业的应用［J］.中国金融电
脑，2004（2）：73-86.

［62］　陈文娣，荣钢，周杰.基于PDA的在线签名鉴别系统的设计与实现［J］.计算机工程，

2004，30（1）：147-149.

［63］ 唐玲，王晓强，侯维亚，等.港澳台个人信息保护法律法规及标准研究［J］.标准科学，
2013（3）：39-42.

［64］ 陈星.澳门个人资料保护法律制度研究［J］.社会科学家，2014，4（204）：58-89.

［65］ Alfred. GDPR本周生效，数据加密是重中之重［EB/OL］.（2018-05-23）. https://zhuanlan.
zhihu.com/p/37181673.

［66］ 孙宇千，陈灏中，刘述忠.生物识别技术在商业银行应用发展分析［J］.信息安全研究，
2017，3（11）：1006-1010.

［67］ 王晓霞，李振龙，辛乐.基于混合特征和分层最近邻法的人脸表情识别［J］.计算机工程，
2011，37（15）：171-173.

［68］ 李文.人脸表情识别方法［J］.电子科技，2007（6）：63-68.

［69］ 何晓曦.网络视频监控系统及基于人脸检测的目标追踪［D］.电子科技大学，2005.

［70］ 郭益汝.基于特征融合的人脸识别和表情识别［D］.大连理工大学，2010.

［71］ 刘平，冯晓杭.快乐与愤怒表情识别眼动研究［J］.长春师范学院学报，2012，31（12）：
67-69.

［72］ 陈庆来，乔冠峰，殷西，等.生物识别技术在银行业的应用［J］.河北金融，2017（4）：
49-52.

［73］ 齐永锋，火元莲，张家树.生物特征识别的关键技术与安全性思考［J］.微计算机信息，
2008（18）：30-31.

［74］ 张建晓.身份认证技术及其发展趋势［J］.信息通信，2015（2）：125-126.

［75］ 马春辉.侵犯公民个人信息罪的理解与适用——基于目的解释的视角［J］.研究生法学，
2017（6）：58-68.

［76］ 潘林青.论指纹信息的法律保护——以我国居民身份证领取时登记指纹为例［J］.通化师
范学院学报，2017（1）：78-86.

［77］ 武长海，常铮.论我国数据权法律制度的构建与完善［J］.河北法学，2018（2）：37-46.

［78］ 谭春辉，童林.我国个人信息保护政策工具的分析与优化建议［J］.图书情报工具，2017
（23）：67-75.

［79］ 周加海，邹涛，喻海松.关于办理侵犯公民个人信息刑事案件适用法律若干问题的解释
［J］.人民司法，2017（19）：31-37.

［80］ 周庆山.完善我国个人信息保护管理制度的思考［J］.社会治理，2018（1）：34-41.

［81］ 齐爱民，张哲.识别与再识别：个人信息的概念界定与立法选择［J］.重庆大学学报，
2018（2）：119-131.

［82］ 张雪敏."互联网＋"背景下个人信息保护困境与出路［J］.情报探索，2018（4）：33-37.

［83］ 刘耀华，张丽梅.新加坡2017网络安全法立法草案的分析［J］.现代电信科技，2017（5）：
50-53.

［84］ 王春晖. GDPR个人数据权与《网络安全法》个人信息权之比较［J］.中国信息安全，
2018（7）：41-44.

［85］ 王素.认识GDPR［J］.进出口经理人，2018（7）：44-45.

［86］ 何召锋.生物识别重要技术应用概览之眨"眼"篇，虹膜识别重在看人"颜色"行事［J］.

中国信息安全，2013（3）：62-65.

［87］ 朱工宇.生物识别与隐私权保护之法律冲突及其协调［J］.科技与法律，2009（6）：25-28.

［88］ 王晓东.生物认证在智慧银行的应用浅析［J］.中国金融电脑，2015（11）：83-84.

［89］ 李瑞峰，王亮亮，王珂.人体动作行为识别研究综述［J］.模式识别与人工智能，2014，39（41）：35-48.

［90］ 中国人民银行支付结算司.《中国人民银行关于改进个人银行账户服务加强账户管理的通知》解读［J］.金融会计，2016（1）：39-42.

［91］ 朱丹，杨凌潇，王贵智.去密码技术暨"去密码化"调研［J］.中国金融电脑，2016（8）：59-64.

［92］ 钟伟.在轻盈和沉重之间：IT企业当学习传统金融的精髓［EB/OL］.（2014-03-25）. https://www.yicai.com/news/3625522.html.

［93］ 陆宇航.看好中国财富管理市场［N］.金融时报，2018.

［94］ 刘耀华，张丽梅.新加坡2017网络安全法立法草案的分析［J］.现代电信科技，2017，47（5）：50-53.

［95］ 赵洋.美国国家标准技术研究所生物特征识别技术评测概览［J］.中国安防，2014（13）：91-95.

［96］ 姜春风，赵玉兰，许薇.浅析生物识别技术的发展［J］.品牌（理论月刊），2011（6）：152-153.

［97］ 潘登.关于生物识别技术应用于金融业的思考［J］.金融科技时代，2013，21（2）：99-101.

［98］ 李梦雯.基于联合边缘和方向特征的掌纹识别［D］.安徽大学，2018.

［99］ 宁振广.人体掌形生物特征识别技术的研究［D］.哈尔滨理工大学，2009.

［100］ 孙汉明.人体掌形识别系统的设计［D］.哈尔滨理工大学，2008.

［101］ 李欣，宁振广.基于坐标域变换的掌形匹配算法的研究［J］.哈尔滨理工大学学报，2009，14（6）：9-12.

［102］ 吕立波.门禁控制系统中常用的几种生物特征识别技术之比较［J］.中国公共安全，2018（6）：100-105.

［103］ NIST Special Publication 800-76-2，Biometric Specifications for Personal Identity Verification［S］.

［104］ NISTIR 8034，Fingerprint Vendor Technology Evaluation［S］.

［105］ 全国安全防范报警系统标准化技术委员会人体生物特征识别应用分技术委员会.安防指纹识别应用系统 第6部分：指纹识别算法评测方法：GA/T 894.6—2010［S］.北京：中国标准出版社，2010.

［106］ 全国安全防范与报警系统标准化技术委员会人体生物特征识别应用分技术委员会.安防指静脉识别应用系统算法评测方法：GA/T 939—2012［S］.北京：中国标准出版社，2012.

［107］ 全国安全防范报警系统标准化技术委员会人体生物特征识别应用分技术委员会.安防虹膜识别应用 算法评测方法：GA/T 1208—2014［S］.北京：中国标准出版社，2014.

［108］ 全国安全防范报警系统标准化技术委员会人体生物特征识别应用分技术委员会.安防声

纹确认应用算法技术要求和测试方法：GA/T 1179—2014 ［S］. 北京：中国标准出版社，
2014.

［109］ 全国安全防范报警系统标准化技术委员会人体生物特征识别应用分技术委员会. 安防指
纹识别应用系统　第 3 部分：指纹图像质量：GA/T 894.3—2010 ［S］. 北京：中国标准
出版社，2010.

［110］ 全国安全防范报警系统标准化技术委员会人体生物特征识别应用分技术委员会. 安防指
静脉识别应用系统图像技术要求：GA/T 940—2012 ［S］. 北京：中国标准出版社，2012.

［111］ SAEIDI R, ALEE K, KINNUNEN T, et al. A Large-scale Collaborative Effort for Noise-
robust Speaker Verification ［A］. Proceedings of Interspeech, 2013：1986-1990.

［112］ 全国安全防范报警系统标准化技术委员会人体生物特征识别应用分技术委员会. 安防虹
膜识别应用　图像技术要求：GA/T 1429—2017 ［S］. 北京：中国标准出版社，2017.

投 资 与 估 值 丛 书

书号	书名	定价
978-7-111-62862-0	估值:难点、解决方案及相关案例	149.00
978-7-111-57859-8	巴菲特的估值逻辑:20个投资案例深入复盘	59.00
978-7-111-51026-0	估值的艺术:110个解读案例	59.00
978-7-111-62724-1	并购估值:构建和衡量非上市公司价值(原书第3版)	89.00
978-7-111-55204-8	华尔街证券分析:股票分析与公司估值(原书第2版)	79.00
978-7-111-56838-4	无形资产估值:如何发现企业价值洼地	75.00
978-7-111-57253-4	财务报表分析与股票估值	69.00
978-7-111-59270-9	股权估值	99.00
978-7-111-47928-4	估值技术	99.00

资本的游戏

书号	书名	定价	作者
978-7-111-62403-5	货币变局：洞悉国际强势货币交替	69.00	（美）巴里.艾肯格林
978-7-111-39155-5	这次不一样：八百年金融危机史（珍藏版）	59.90	（美）卡门M.莱茵哈特 肯尼斯S.罗格夫
978-7-111-62630-5	布雷顿森林货币战：美元如何统治世界（典藏版）	69.00	（美）本·斯泰尔
978-7-111-51779-5	金融危机简史：2000年来的投机、狂热与崩溃	49.00	（英）鲍勃·斯瓦卢普
978-7-111-53472-3	货币政治：汇率政策的政治经济学	49.00	（美）杰弗里 A. 弗里登
978-7-111-52984-2	货币放水的尽头：还有什么能拯救停滞的经济	39.00	（英）简世勋
978-7-111-57923-6	欧元危机:共同货币阴影下的欧洲	59.00	（美）约瑟夫 E.斯蒂格利茨
978-7-111-47393-0	巴塞尔之塔:揭秘国际清算银行主导的世界	69.00	（美）亚当·拉伯
978-7-111-53101-2	货币围城	59.00	（美）约翰·莫尔丁 乔纳森·泰珀
978-7-111-49837-7	日美金融战的真相	45.00	（日）久保田勇夫

CFA协会投资系列
CFA协会机构投资系列

　　机械工业出版社陆续推出了《CFA协会投资系列》（共9本）《CFA协会机构投资系列》（共4本）两套丛书。这两套丛书互为补充，为读者提供了完整而权威的CFA知识体系（Candidate Body of Knowledge，简称CBOK），内容涵盖定量分析方法、宏微观经济学、财务报表分析方法、公司金融、估值与投资理论和方法、固定收益证券及其管理、投资组合管理、风险管理、投资组合绩效测评、财富管理等，同时覆盖CFA考试三个级别的内容，按照知识领域进行全面系统的介绍，是所有准备参加CFA考试的考生，所有金融专业院校师生的必读书。

序号	丛书名	中文书号	中文书名	原作者	译者	定价
1	CFA协会投资系列	978-7-111-45367-3	公司金融：实用方法	Michelle R. Clayman, Martin S. Fridson, George H. Troughton	汤震宇 等	99
2	CFA协会投资系列	978-7-111-38805-0	股权资产估值（原书第2版）	Jeffrey K.Pinto, Elaine Henry, Jerald E. Pinto, Thomas R. Robinson, John D. Stowe, Abby Cohen	刘醒云 等	99
3	CFA协会投资系列	978-7-111-38802-9	定量投资分析（原书第2版）	Jerald E. Pinto, Richard A. DeFusco, Dennis W. McLeavey, David E. Runkle	劳兰珺 等	99
4	CFA协会投资系列	978-7-111-38719-0	投资组合管理：动态过程（原书第3版）	John L. Maginn, Donald L. Tuttle, Dennis W. McLeavey, Jerald E. Pinto	李翔 等	149
5	CFA协会投资系列	978-7-111-50852-6	固定收益证券分析（原书第2版）	Frank J. Fabozzi	汤震宇 等	99
6	CFA协会投资系列	978-7-111-46112-8	国际财务报表分析	Thomas R. Robinson, Elaine Henry, Wendy L. Pirie, Michael A. Broihahn	汤震宇 等	149
7	CFA协会投资系列	978-7-111-50407-8	投资决策经济学：微观、宏观与国际经济学	Christopher D. Piros	韩复龄 等	99
8	CFA协会投资系列	978-7-111-46447-1	投资学：投资组合理论和证券分析	Michael G. McMillan	王晋忠 等	99
9	CFA协会投资系列	978-7-111-47542-2	新财富管理：理财顾问客户资产管理指南	Roger C. Gibson	翟立宏 等	99
10	CFA协会机构投资系列	978-7-111-43668-3	投资绩效测评：评估和结果呈报	Todd Jankowski, Watts S. Humphrey, James W. Over	潘席龙 等	99
11	CFA协会机构投资系列	978-7-111-55694-7	风险管理：变化的金融世界的基础	Austan Goolsbee, Steven Levitt, Chad Syverson	郑磊 等	149
12	CFA协会机构投资系列	978-7-111-47928-4	估值技术：现金流贴现、收益质量、增加值衡量和实物期权	David T. Larrabee	王晋忠 等	99
13	CFA协会机构投资系列	978-7-111-49954-1	私人财富管理：财富管理实践	Stephen M. Horan	翟立宏 等	99